ÉTUDE

DE LA

RÉSONANCE DES SYSTÈMES D'ANTENNES

DANS LA TÉLÉGRAPHIE SANS FIL.

(Extrait des *Annales de Chimie et de Physique*, 8ᵉ série, t. VII,
mars-avril 1906.)

ÉTUDE

DE LA

RÉSONANCE DES SYSTÈMES D'ANTENNES

DANS LA TÉLÉGRAPHIE SANS FIL.

PAR

M. Camille TISSOT,

Lieutenant de Vaisseau.

PARIS,

GAUTHIER-VILLARS, IMPRIMEUR-LIBRAIRE

DU BUREAU DES LONGITUDES, DE L'ÉCOLE POLYTECHNIQUE,

Quai des Grands-Augustins, 55.

———

1906

ÉTUDE

DE LA

RÉSONANCE DES SYSTÈMES D'ANTENNES

DANS LA TÉLÉGRAPHIE SANS FIL.

INTRODUCTION.

L'étude des oscillations mises en jeu dans les systèmes utilisés en télégraphie sans fil a suscité plusieurs recherches expérimentales et donné lieu à d'importants travaux théoriques parmi lesquels il convient de mentionner tout particulièrement ceux de Max Abraham ([1]), de M. Brillouin ([2]) et de Drude ([3]).

Un grand nombre de recherches expérimentales ont été conduites avec le seul souci d'obtenir la solution de questions pratiques immédiates. Elles ont été effectuées la plupart du temps avec des dispositifs incapables de fournir des mesures de quelque précision, ou dans des conditions tellement différentes de celles que la théorie suppose, qu'elles ne nous ont pas paru susceptibles d'apporter un contrôle sérieux aux relations générales que la théorie a permis d'établir.

Ce contrôle serait d'autant plus intéressant à obtenir qu'il entre dans le fonctionnement des systèmes utilisés dans les applications pratiques de nombreux facteurs dont la théorie ne peut tenir compte.

([1]) Max Abraham, *Ann. der Physik*, 1898; p. 435.

([2]) Brillouin, *Leçons du Collège de France*, 1901-1902. *Propagation de l'électricité.*

([3]) Drude, *Ueber induktive Erregung zweier elektrischer Swingunskreisen mit Anwendung auf Perioden und Dampfungsmessung-drahtlose Telegraphie (Ann. der Physik. t. XIII. p. 512).*

T.   1

C'est cette lacune que nous nous sommes efforcé de combler dans le présent travail qui est purement expérimental.

On connaît le principe de la télégraphie sans fil. Un conducteur isolé (généralement vertical), l'antenne, est relié à un excitateur hertzien et émet des ondes électriques. Ces ondes sont reçues à distance par une *antenne réceptrice* analogue à l'antenne d'émission, et y provoquent des courants induits oscillatoires dont la présence est révélée par un détecteur approprié (le cohéreur par exemple).

Au point de vue du fonctionnement général, on doit considérer le système transmetteur, dont la partie principale est l'antenne d'émission, comme un *oscillateur*; le système récepteur dont la partie principale est l'antenne de réception, comme un *résonateur*.

Dans une première Partie nous avons étudié les conditions générales de résonance d'un certain nombre de systèmes d'antennes et d'excitateurs.

Grâce à l'emploi du bolomètre, nous avons pu opérer des mesures à plusieurs kilomètres du poste d'émission, c'est-à-dire à des distances suffisantes pour nous trouver placé dans les conditions mêmes des applications pratiques et satisfaire en même temps à celles que la théorie suppose réalisées.

Cette première étude nous a fourni des méthodes susceptibles de se prêter un contrôle mutuel pour la détermination des *constantes* de nos *oscillateurs* et de nos *résonateurs*.

Un oscillateur ou un résonateur se trouvent définis en principe quand on connaît la valeur de la *période* et de l'*amortissement*.

La détermination des *périodes* des systèmes d'antennes constitue la *deuxième Partie* de notre travail, et la détermination des amortissements fait l'objet de la *troisième Partie*.

Enfin, dans une *quatrième Partie*, nous avons ras-

semblé tous les documents recueillis au cours de nos
expériences sur les valeurs de l'énergie mise en jeu dans
les systèmes d'antennes et sur l'influence exercée par les
divers facteurs dont dépend la transmission, sur la quantité de l'énergie émise.

RECHERCHES EXPÉRIMENTALES ANTÉRIEURES.

Il importe de préciser quelle était la nature des données expérimentales à l'époque où nous avons entrepris
notre étude.

M. Slaby ([1]), à qui l'on doit une série de recherches
méthodiques sur les procédés utilisés dans la télégraphie
sans fil, a étudié le régime du courant dans l'antenne
d'émission. Le système étudié par M. Slaby était constitué
par un conducteur filiforme horizontal isolé relié à l'une
des boules d'un éclateur. L'autre boule était reliée, soit
à un conducteur identique, soit à une capacité notable,
soit à la terre.

En intercalant en différents points de ce fil des indicateurs thermiques (lampes à incandescence, ou ampère-
mètres) il a observé que le courant va en diminuant depuis
l'extrémité reliée à l'éclateur jusqu'à celle qui est isolée.

La tension suit une marche inverse.

On vérifie aisément le fait sur une antenne excitée par
induction, à l'aide de micromètres à étincelles disposés en
dérivation entre les différents points de l'antenne et le sol.

Différents observateurs ont prétendu se servir du même
procédé pour obtenir la distribution des tensions le long
d'une antenne directement reliée à la boule d'un éclateur,
dont l'autre boule est à la terre.

En fait, sous cette forme l'expérience est irréalisable.

L'un des pôles de la bobine se trouve, en effet, relié au
sol; si l'on dispose un micromètre à étincelles entre un
point de l'antenne et la terre, l'étincelle éclate, selon les

---

([1]) SLABY, *Elektrotechnische Zeitschrift*, t. XXII et XXIII, 1902.

4

distances respectives des boules de l'éclateur et de celles
du micromètre, soit à l'éclateur, soit au micromètre, mais
jamais aux deux appareils simultanément.

Fig. 1.

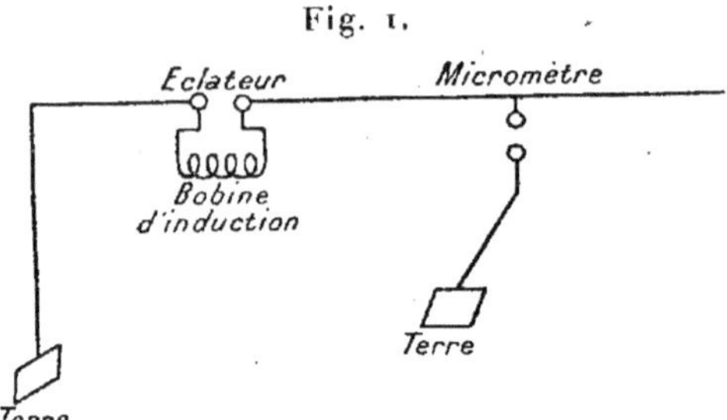

Le fait ne paraît donc avoir été vérifié que dans le cas
où la seconde boule de l'éclateur est *isolée :* quand elle
est reliée à une capacité, ou à un conducteur symétrique
de l'antenne.

Dans le cas où la seconde boule est à la terre, on a pu
avoir des indications générales sur les variations de la
tension en déplaçant le long de l'antenne des tubes à vide
et observant les variations de luminescence.

Ces observations ne comportent pas un grand caractère
de précision et ne se rapportent pas exactement au cas de
l'utilisation de l'antenne verticale en télégraphie sans fil.

On peut en inférer toutefois qu'il y a *production d'une
onde stationnaire dans un conducteur filiforme relié à
un éclateur.*

M. Slaby a reconnu par ces procédés que la *vibration
le long du fil suit la loi harmonique, le courant étant
décalé de* 90° *sur la tension.*

On peut observer que ces résultats généraux demeu-
raient infiniment probables comme conséquences des
travaux relatifs à la propagation des ondes hertziennes le
long des fils (¹).

____

(¹) Nous citerons, par exemple, les recherches de M. Lamotte :
*Recherches expérimentales sur les oscillations électriques d'ordre
supérieur* (Thèse de la Faculté des Sciences de Paris, 1901).

Pour étudier les oscillations dans l'antenne de réception et les conditions de résonance, M. Slaby disposait un conducteur filiforme parallèle au fil excitateur ou antenne d'émission.

Le transmetteur était constitué par deux tiges de laiton de $0^{cm},5$ de diamètre et de 1^m de longueur et le récepteur par un fil de longueur variable comprise entre 1^m et 2^m, placé à 1^m de distance de l'excitateur, et parallèlement à lui.

Ces conditions sont absolument différentes de celles des applications où l'on se sert de conducteurs de 30^m à 50^m de longueur placés à des distances de plusieurs kilomètres.

On peut remarquer de plus qu'elles se rapportent à des systèmes de longueurs comparables à la longueur d'onde, situés à des distances inférieures à la longueur d'onde.

Nous ne discuterons donc pas les résultats obtenus que l'on peut d'ailleurs résumer en disant que le régime vibratoire dans le fil récepteur est représenté, comme dans l'excitateur, par une onde stationnaire.

M. Slaby observait la résonance dans le fil récepteur à l'aide d'un micromètre à étincelles et se bornait à déterminer la *longueur de résonance* de ce fil récepteur. Il a trouvé ainsi la même longueur de résonance du fil récepteur à 2 pour 100 près quand on constitue l'excitateur à l'aide de conducteurs de même longueur et de diamètres différents.

Ainsi, en prenant pour excitateur un fil de $0^{mm},25$, puis un tube de 51^{mm} de diamètre, on trouve sensiblement la même longueur de résonance pour le fil récepteur (¹).

Ce résultat se trouverait formellement contredit par ceux que nous avons obtenus, s'il était permis, ce que nous ne croyons pas du reste, de considérer les phénomènes étudiés comme identiques.

Il convient de reconnaître, toutefois, que c'est l'appli-

(¹) On trouve même une longueur de résonance un peu plus faible pour le tube que pour le fil.

     C. TISSOT.

cation des idées de M. Slaby sur le régime vibratoire de l'antenne réceptrice qui lui permit d'utiliser les propriétés des champs interférents, déjà étudiés par M. Turpain ([1]), et d'obtenir d'intéressants résultats dans les réceptions sur cohéreurs.

M. Slaby a essayé, d'autre part, de contrôler la relation de Thomson, $T = 2\pi\sqrt{LC}$, pour des circuits de décharge fermés.

Les longueurs d'onde étaient obtenues par la recherche de la résonance d'un fil tendu rectilignement.

Les condensateurs employés étaient des bouteilles de Leyde dont les capacités étaient mesurées par les méthodes connues.

Les longueurs d'onde mesurées furent toujours beaucoup plus petites que celles calculées par la formule.

Si nous relatons ici ces expériences, c'est parce que nous nous sommes précisément servi de la relation de Thomson, dans des conditions d'ailleurs parfaitement définies, pour faire le calcul de périodes.

Nous pensons que les écarts signalés par M. Slaby tiennent au mode d'observation employé pour obtenir la valeur de la période, c'est-à-dire à l'usage du fil rectiligne comme résonateur.

Des observations plus récentes de Battelli et Magri ([2]) montrent en effet que la période d'oscillation mesurée (par photographie de l'étincelle de décharge) d'un circuit de décharge fermé s'accorde parfaitement avec la valeur théorique fournie par la formule de Thomson.

M. Braun ([3]) a étudié la production d'ondes stationnaires dans un circuit ouvert au moyen d'un circuit fermé et a donné un grand nombre de montages susceptibles d'être utilisés dans les applications pratiques.

([1]) TURPAIN, *Recherches expérimentales sur les oscillations électriques* (Thèse de la Faculté de Bordeaux, 1899).

([2]) BATTELLI et MAGRI, *On oscillatory discharges* (*Phil. mag.*, 6ᵉ série, t. V, 1903, p. 620).

([3]) BRAUN, *Ann. der Physik*, t. VIII, 1902, p. 199.

Dans ces divers montages, l'antenne est excitée, soit par induction électromagnétique, soit en la reliant métalliquement à un point du circuit de décharge.

En mesurant le courant dans l'antenne, ou appendice au circuit fermé, à l'aide du thermomètre de Riess, M. Braun établit que les oscillations dans les appendices ont la même période et le même décrément que celles du circuit fermé.

Nous verrons que cela n'est pas exact en général. M. Braun reconnut aussi qu'une prise de terre joue le rôle d'une capacité et que l'effet dépend beaucoup de la grandeur des plaques et du degré de conductibilité du sol.

Les expériences ne lui ont pas permis de décider si la mise au sol augmente l'intensité des oscillations dans l'antenne.

M. le capitaine Ferrié ([1]) s'est occupé à diverses reprises du mode vibratoire de l'antenne d'émission et de la détermination des périodes des antennes.

M. Ferrié a repris les expériences de Slaby en intercalant un ampèremètre thermique en différents points de l'antenne d'émission, ou plus exactement d'un fil horizontal tendu à une faible hauteur au-dessus du sol, et jouant un rôle analogue, sinon identique, à l'antenne.

Il a ainsi reconnu que l'antenne d'émission est le siège d'une onde stationnaire avec un ventre d'intensité au point voisin de l'éclateur et un nœud à l'extrémité libre.

M. Ferrié dit avoir aussi vérifié la loi des tensions avec un micromètre à étincelles. Les considérations que j'ai exposées plus haut me paraissent rendre l'expérience difficile à réaliser sous la forme directe.

Pour mesurer la longueur d'onde des oscillations produites dans une antenne, M. Ferrié relie, en un point compris entre l'oscillateur et la terre, une extrémité d'un

---

([1]) FERRIÉ, *Comptes rendus*, 1903, p. 1248; *Soc. franç. de Phys.*, 8 avril 1904.

fil horizontal auxiliaire dont l'autre est isolée et intercale un ampéremètre thermique dans ce fil au voisinage de la connexion.

« Ce fil prend part au mouvement vibratoire, et les oscillations qui s'y développent sont maximum lorsque l'antenne et le fil sont à l'unisson : en allongeant progressivement celui-ci, on voit croître graduellement le débit marqué par l'instrument de mesure, avec un maximum très net pour une longueur bien déterminée, puis décroître jusqu'à une valeur voisine de o, puis augmenter de nouveau, et ainsi de suite.

» Les maximum et minimum sont régulièrement espacés, et la différence des longueurs correspondant à deux concamérations successives représente $\frac{1}{4}$ de longueur d'onde. »

L'expérience très intéressante de M. Ferrié montre, en effet, qu'il se produit une série de maxima et de minima d'intensité quand on allonge le fil auxiliaire. Ces maxima qui, sauf le premier, sont d'ailleurs très mal marqués, ne

Fig. 2.

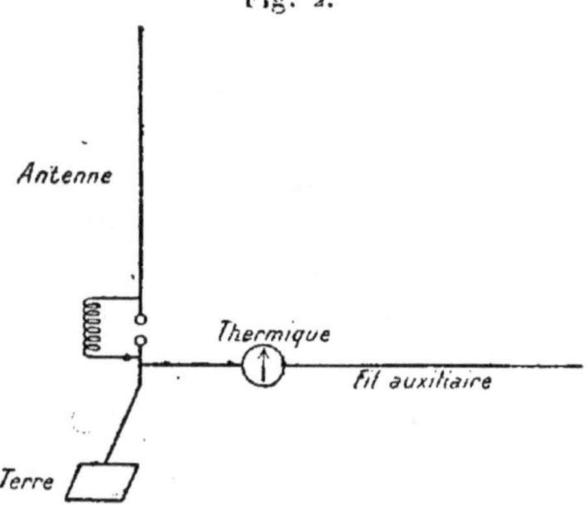

nous ont pas paru équidistants. Le phénomène étudié est certainement complexe, et l'interprétation de M. Ferrié qui considère la longueur du fil auxiliaire correspondant au maximum des indications du thermique comme égale à $\frac{1}{4}$ de la longueur d'onde de la vibration de l'antenne, ne paraît pas correcte.

La longueur que l'on détermine ainsi est, en effet, *essentiellement variable* avec les circonstances de l'observation. Elle varie notamment :

1° Avec le diamètre du fil auxiliaire employé. On trouve, par exemple, pour une même antenne $\frac{1}{4}$ d'onde de 58^m, ou $\frac{1}{4}$ d'onde de 66^m selon que l'on emploie comme fil auxiliaire un conducteur de cuivre de 0^{mm},25 ou de 4^{mm} de diamètre.

2° Avec la position du fil auxiliaire par rapport à l'antenne quand cette antenne n'est pas verticale, et avec la distance du fil auxiliaire à la terre.

3° Elle dépend enfin du poste même où se fait l'observation. Si l'on mesure, par exemple, le fil auxiliaire qui correspond au $\frac{1}{4}$ *d'onde* d'une même antenne, dans un poste à terre et à bord de divers bâtiments, on trouve des résultats très différents.

Pour une même antenne de 55^m à quatre branches parallèles et pour un même fil auxiliaire, disposé dans des conditions aussi identiques que possible :

	$\frac{\lambda}{4}$ donné par fil auxiliaire.
A terre......................	57^m
A bord......................	70^m

Le procédé ne peut donc fournir que des valeurs empiriques, susceptibles d'être comparées les unes aux autres seulement dans le *même poste,* ce qui en restreint l'emploi dans la technique et en proscrit l'usage pour des mesures précises.

Quoi qu'il en soit, voici les valeurs numériques obtenues par M. Ferrié pour différentes antennes :

Longueurs totales.	$\frac{\lambda}{4}$ mesuré.	$\frac{\lambda}{4l}$.
21^m,50 (1 fil)......................	20^m	0,93
34 (1 fil)......................	30,50	0,89
34 (5 fils à 0^m,50 même plan)....	35	1,03
34 (» »)....	39,50	1,16

Les conclusions qui se dégagent des Tableaux donnés par M. Ferrié sont que :

1° *Le rapport $\frac{\lambda}{4\,l}$ est inférieur à 1 pour les antennes filiformes simples.*

2° *Le rapport $\frac{\lambda}{4\,l}$ augmente avec le nombre des branches des antennes et l'écart de ces branches.*

Nous verrons que cette dernière assertion seule est exacte. Mais les déterminations numériques sur lesquelles elle repose paraissent assez incertaines. Nous citons ci-dessus deux valeurs relevées dans les Tableaux donnés par M. Ferrié pour une même antenne *à rideau* de cinq branches.

Pour l'une on a $\frac{\lambda}{4\,l} = 1,03$, et pour l'autre $\frac{\lambda}{4\,l} = 1,16$.

M. Ferrié ([1]) a aussi étudié l'excitation de l'antenne par des circuits fermés et cru reconnaître, conformément aux observations antérieures (de Braun, notamment) « que les oscillations de l'antenne ont un maximum d'énergie lorsque les spires du secondaire sont en nombre tel que l'ensemble de l'antenne et des spires représente un quart d'onde du mouvement vibratoire excitateur ».

M. Ferrié mesurait le *quart d'onde* par le procédé du fil horizontal auxiliaire et ne pouvait obtenir ainsi, comme nous l'avons fait remarquer, qu'une valeur tout à fait empirique. Comme il ne dit pas d'autre part comment il a obtenu la valeur de la période du circuit excitateur fermé (par le calcul ou par l'observation?), l'assertion paraît dénuée de fondement expérimental.

M. Broca a cherché à obtenir la valeur des périodes en se servant d'un électrodynamomètre fort ingénieux capable de fonctionner sur la haute fréquence.

Il a obtenu les valeurs numériques suivantes pour des antennes simples de $0^{cm},5$ de diamètre.

([1]) FERRIÉ, *Comptes rendus, loc. cit.*

Longueurs.	λ.	$\dfrac{\lambda}{4l}$.
90^m	500^m	$1,38$
56^m	300^m	$1,35$

Le rapport $\dfrac{\lambda}{4l}$ serait donc *notablement* plus fort que l'unité.

Mais M. Broca a trouvé, pour les antennes courtes, des divergences qu'il attribue à l'influence des appareils de mesure.

D'autre part, il y a lieu de noter que les expériences ont été effectuées dans une salle de laboratoire, sur des antennes tendues horizontalement le long de murailles, c'est-à-dire dans des conditions assez différentes de celles des dispositifs réels.

Macdonald (¹) a étudié la période de résonateurs rectilignes et trouvé que la longueur d'onde fondamentale est donnée par la relation $\lambda_0 = 2,53\, l$, l étant la longueur de la tige qui constitue le résonateur. Comme le système vibrant est isolé aux deux extrémités, nous devons comparer ici le λ_0 mesuré au double de la longueur.

On aurait donc

$$\frac{\lambda_0}{2l} = 1,27.$$

Pollock a aussi trouvé que la longueur d'onde des oscillations d'un fil rectiligne est plus grande que le double de la longueur du fil. Mais son travail, dont les conclusions sont opposées à celles de Slaby et de Drude, ainsi qu'aux résultats obtenus par M. Turpain pour les résonateurs circulaires, sort du cadre de nos recherches.

Parmi les observations qui se rapportent plus particulièrement au régime de l'antenne, nous citerons celle de Chant (²). L'exploration est faite par les méthodes connues (micromètres à étincelles et indicateurs thermiques).

(¹) MACDONALD, *Phil. Mag.*, 1904.
(²) CHANT, *The variation of potential along the transmitting antenna in wireless telegraphy* (*Phil. Mag.*, 1904, p. 124).

L'auteur est arrivé aux conclusions suivantes :

1° Dans la méthode d'émission directe, antenne et terre reliées respectivement aux boules de l'éclateur, l'effet est le même que si l'on avait employé un fil identique à l'antenne pour la balancer, c'est-à-dire que tout se passe comme si la terre donnait l'image de l'antenne.

2° L'oscillation principale est la fondamentale de l'antenne avec une longueur d'onde égale à 4 fois sa longueur.

3° Dans la méthode d'émissions indirectes par induction, le trait dominant est celui qui est donné par le circuit du condensateur. Avec des antennes de différentes longueurs, il y a un petit changement dans l'oscillation.

Les observations de M. Chant paraissent correctes, mais les relations obtenues ne constituent, comme nous l'établirons, qu'une première approximation, et le caractère des phénomènes mis en jeu dans les antennes excitées par induction n'est pas nettement défini.

Très peu d'observateurs se sont préoccupés de l'amortissement des antennes ou de systèmes analogues. M. Kiebitz ([1]) a établi qu'un excitateur en forme de tige donne naissance à de nombreuses oscillations supérieures harmoniques d'ordre impair.

Un excitateur qui n'a pas la forme d'une tige rectiligne émet aussi des oscillations supérieures, mais les périodes de ces oscillations ne sont pas harmoniques.

M. Kiebitz a étudié l'amortissement des oscillations dans des résonateurs rectilignes, ou en forme de cercle par la méthode de la courbe de résonance de Bjerknes.

Bien que ces recherches aient été effectuées dans des conditions trop différentes de celles dans lesquelles nous nous trouvions placé pour établir une comparaison des résultats, nous retiendrons cependant les points suivants :

M. Kiebitz a trouvé que l'amortissement d'un résona-

([1]) KIEBITZ, *Ueber die elektrischen Schwingungen eines stabförmigen Leiters*, Leipzig, 1901.

teur rectiligne est notablement plus grand que l'amortissement d'un résonateur en forme de cercle.

L'amortissement des oscillations émises par un excitateur est d'autant plus grand que la distance entre l'excitateur et le résonateur est plus faible.

Et principalement, *le décrément de l'excitateur calculé par les relations de Max Abraham est plus grand que celui que l'on obtient par l'observation, même pour de grandes distances entre l'excitateur et le résonateur.*

M. Sten Lagergreen (¹) a fait des observations très soignées par la méthode de la courbe de résonance sur des résonateurs fermés et sur des résonateurs ouverts en forme de tiges rectilignes.

Ce sont ces dernières observations qui doivent nous intéresser plus particulièrement.

En ce qui concerne les périodes, M. Lagergreen a trouvé que la longueur d'onde fondamentale d'un conducteur filiforme est toujours plus petite que le double de la longueur du fil.

L'écart, pour une longueur donnée de fil, est d'autant plus grand que le coefficient de self-induction est plus petit.

La période observée d'un conducteur filiforme est environ 4 pour 100 plus petite que la période calculée (par les relations de Max Abraham). Et, en ce qui a trait aux amortissements :

Les résonateurs rectilignes sont en moyenne 2 fois plus fortement amortis que les résonateurs en forme de cercles ou de carrés.

Le décrément observé est près de 22 pour 100 plus faible que la valeur calculée.

Toutefois, conformément aux indications de la théorie,

(¹) STEN LAGERGREEN, *Ueber elektrische Energieausstrahlung* (Thèse de la Faculté d'Upsal, 1902).

à mesure que l'épaisseur des tiges augmente, la période des oscillations et le décrément croissent.

On verra dans quelle mesure nos propres observations ont confirmé ou infirmé ces assertions.

Quant à l'emploi des dispositifs expérimentaux dont nous avons fait usage, nous ferons observer que, si le bolomètre a déjà servi à des recherches sur les oscillations électriques, il n'avait encore été utilisé qu'à une *très faible* distance des appareils excitateurs, et dans le laboratoire même (Rubens et Tietz).

M. Duddell (¹) a fait connaître depuis l'exécution de nos expériences un appareil fort ingénieux, adaptation du radio-micromètre de Boys, qui lui a permis d'exécuter, sur les systèmes utilisés en télégraphie sans fil, des mesures à distance analogues à celles que nous avons faites.

Il est difficile de se rendre compte des degrés respectifs de sensibilité des dispositifs employés à moins de procéder à des expériences comparatives.

Les valeurs numériques qui ont été données par M. Duddell paraissent établir que le radio-micromètre et les bolomètres que nous avons employés ont à peu près la même sensibilité; mais le bolomètre est, à coup sûr, beaucoup moins délicat.

En tout cas, il n'a été publié jusqu'à ce jour aucun résultat obtenu à l'aide du radio-micromètre dans l'étude de la résonance des systèmes d'antennes.

En résumé, à l'époque où nous avons entrepris nos recherches, on pouvait considérer comme connu dans ses grandes lignes le régime général de l'antenne d'émission, c'est-à-dire admettre l'existence d'une onde stationnaire dans l'antenne.

Mais aucune expérience de mesures n'avait été faite sur l'antenne de réception.

(¹) Duddell, *Mesure des petits courants alternatifs de haute fréquence* (*Soc. franç. de Phys.*, décembre 1904).

Quant aux périodes mêmes, on n'avait guère donné de valeurs plus précises que les valeurs assez grossières que nous avions obtenues nous-même et signalées dans divers recueils ([1]).

Les divers travaux que nous avons résumés montrent que, si les observateurs sont d'accord pour attribuer à la valeur de la longueur d'onde fondamentale une valeur *voisine* de quatre fois la longueur de l'antenne, leurs opinions se trouvent en complète divergence, non seulement au sujet des valeurs numériques, mais même en ce qui concerne le *sens* de l'écart.

Le même désaccord se produit dans les opinions formulées sur le *sens* des écarts fournis entre les résultats de l'observation et ceux que l'on obtient par le calcul.

A part les travaux de *laboratoire* dont nous avons cité les plus importants (au point de vue spécial qui nous occupe), travaux qui ont été effectués à l'aide de systèmes assez différents de ceux que nous avons étudiés, aucune donnée numérique n'avait encore été fournie sur l'amortissement des antennes et les facteurs qui sont susceptibles d'en modifier la valeur.

Enfin, aucune donnée numérique un peu précise n'avait été fournie non plus sur les quantités d'énergie mises en jeu dans les transmissions par ondes hertziennes à distance.

Le présent travail, dont nous ne nous dissimulons pas les imperfections, est nécessairement incomplet.

Nous le croyons néanmoins susceptible d'apporter une contribution expérimentale à l'étude des phénomènes utilisés dans la télégraphie sans fil et à l'amélioration logique des dispositifs mis en œuvre dans la technique. Ce travail est le résultat de recherches poursuivies pendant plusieurs années.

([1]) Notamment, *Comptes rendus*, mars 1901.

PREMIÈRE PARTIE.

Accord des antennes.

1. — PRODUCTION DES ÉMISSIONS.

Nous nous sommes proposé de faire l'étude expérimentale des effets produits par les ondes électriques à distance et de rassembler des documents permettant de se rendre compte du rôle des principaux éléments qui influent sur la transmission et la réception des ondes hertziennes.

On sait que l'on se sert toujours dans de pareilles transmissions de conducteurs de formes variables, généralement verticaux, qui ont reçu le nom d'*antennes*.

L'antenne de réception est reliée à un détecteur approprié. L'antenne d'émission est excitée par un oscillateur. En principe, on se sert de deux procédés pour exciter l'antenne d'émission.

Dans l'un d'eux, que nous appellerons *émission directe*, l'antenne, isolée à la partie supérieure, est reliée directement à l'autre extrémité à l'une des boules d'un oscillateur dont l'autre boule est au sol.

Dans l'autre, que nous nommerons *émission indirecte*, l'antenne est excitée par induction électromagnétique à l'aide d'un circuit de décharge indépendant. Nous nous sommes servi des deux procédés, bien que notre étude ait porté surtout sur les *émissions directes*. Les différents postes de transmission qui ont été utilisés pour les expériences présentent une disposition identique.

La bobine d'induction est une forte bobine dite *transformateur Rochefort*, capable de donner des étincelles de 50^{cm} avec une excitation de 8 à 10 ampères au primaire sous le voltage de 70 volts.

Sous cette excitation la bobine donne 6^{cm} d'étincelle maximum environ quand les bornes sont reliées à l'antenne et à la terre. L'interrupteur, du genre Foucault, est l'interrupteur rotatif Rochefort, à broche entraînée par un petit moteur auxiliaire et plongeant dans un godet de mercure recouvert de pétrole, ou l'interrupteur oscillant du même constructeur. Les antennes étaient constituées, soit par un fil simple, soit par plusieurs fils parallèles.

Les antennes multiples utilisées peuvent se ramener aux deux types suivants :

1° Antennes cylindriques comprenant n fils parallèles reliés électriquement en haut et en bas et maintenus à une distance invariable les uns des autres par des croisillons de 1^m à 2^m.

2° Antennes à rideaux, constituées par plusieurs branches en éventail, dans le même plan, écartées à la partie supérieure de $0^m,50$ à 1^m l'une de l'autre et réunies à la partie inférieure à un conducteur commun.

Ces antennes multiples comprenaient toujours une portion simple de connexion et cette partie simple avait parfois une longueur comparable à celle de la partie multiple. La prise de terre était constituée uniformément selon les principes que nous avons fait connaître et avec les dispositions auxquelles nous avions été conduit par nos expériences antérieures ([1]).

Sur les bâtiments elle est constituée par une large plaque de cuivre reliée à l'une des bornes de l'oscillateur et soudée à la coque. Dans les postes à terre elle se compose de plaques de zinc d'une quarantaine de mètres carrés de surface enfouies dans le sol.

La plupart des expériences ont été effectuées à terre dans une cabane en bois. Les galvanomètres reposaient sur un socle en maçonnerie isolé mécaniquement du plancher de la cabane.

([1]) Ces dispositions ont été rendues réglementaires dans les postes de la marine.

T.

Les émissions étaient généralement fournies par des postes de télégraphie sans fil situés sur des bâtiments mouillés à différentes distances, parfois par d'autres postes éloignés du littoral.

2. — Détecteurs de mesures utilisés a la réception.

Le phénomène de la réception des ondes électriques par une antenne est complexe et dépend non seulement de l'action des ondes sur l'antenne réceptrice, mais aussi de l'effet enregistré par le détecteur. On s'est généralement servi de cohéreurs pour déceler l'effet des ondes à distance. Le cohéreur est un appareil d'une extrême sensibilité et nous savons en confectionner d'excellents pour les besoins des applications pratiques, mais le phénomène qui s'y passe est encore assez obscur et les résultats qu'il fournit sont d'interprétation très incertaine.

Nous avons donc songé à recourir à d'autres genres de détecteurs pour étudier, d'une part, les phénomènes qui se produisent dans l'antenne réceptrice (ce sont ceux qui nous occuperont surtout ici) et, d'autre part, les effets qu'enregistrent les différents appareils utilisés à la réception des ondes.

L'un de ces détecteurs est le *bolomètre*.

Langley a fait connaître le principe du *bolomètre*.

Deux fils métalliques fins sont intercalés respectivement dans les branches d'un pont de Wheatstone : les variations de température de l'un des fils causent des variations de résistance qui sont enregistrées par le galvanomètre du pont préalablement équilibré.

Le coefficient de résistance des métaux purs avec la température a une valeur numérique voisine du coefficient de dilatation des gaz. D'autre part, on réalise aisément des galvanomètres permettant de mesurer avec précision des résistances au $\frac{1}{10^5}$ près.

Le dispositif constitue donc un appareil thermométrique très sensible.

En fait, l'élévation de température causée dans le fil par une certaine quantité de chaleur dépend de la capacité calorifique du fil. L'appareil constitue donc, si l'on veut, un dispositif calorimétrique, dispositif sensible si l'on prend un fil de faible masse.

Dans les conditions d'emploi de nos appareils, l'effet thermique enregistré est dû au courant induit dans une antenne réceptrice par des émissions d'ondes hertziennes à distance.

Le bolomètre a déjà été employé dans des circonstances analogues par différents observateurs, par Rubens et par Tietz, notamment.

Ces physiciens s'en servaient pour déceler l'effet d'ondes se propageant le long de fils, mais ne paraissent pas avoir eu l'idée de l'utiliser à distance.

Les dispositifs que nous avons réalisés ont une sensibilité suffisante pour permettre d'opérer des mesures à une cinquantaine de kilomètres du poste d'émission.

Les branches bolométriques sont constituées par des fils de platine absolument purs dont le diamètre est de 20^μ ou de 10^μ à 12^μ dans les modèles réalisés.

Nous avons éprouvé longtemps de grandes difficultés à nous procurer du platine assez pur pour présenter un coefficient de variation élevé. Aussi avions-nous dû tout d'abord nous astreindre à le préparer nous-même. Les moindres traces d'iridium accroissent beaucoup la résistivité et réduisent notablement le coefficient de variation. L'élimination méthodique (par voie chimique) des métaux étrangers nous a donné un platine qui présente un coefficient de variation de $\frac{38}{10^4}$ à $\frac{39}{10^4}$ après fusions répétées dans un bloc de chaux au chalumeau oxhydrique.

C'est ce platine, tréfilé directement, qui a été utilisé à

la construction des appareils à fils de 20^μ de diamètre. Nous avons pu ensuite faire usage de fil à la Wollaston et réaliser des diamètres voisins de 10^μ, mais le métal n'est pas aussi pur et son coefficient de variation n'atteint alors que $\frac{32}{10^4}$ à $\frac{35}{10^4}$.

Dans l'établissement du bolomètre, on doit, d'une part, assurer avec soin l'isolement thermique des branches bolométriques et, d'autre part, localiser l'action de l'onde dans l'une seule des branches.

A cet effet, les branches qui sont rectilignes et très courtes ($1^c,5$ de longueur environ dans les modèles les plus sensibles) sont disposées très près l'une de l'autre dans une même enceinte.

Dans l'un des modèles utilisés, ces branches sont dans le vide. L'enceinte qui les contient, et qui présente des dimensions aussi réduites que possible, est entourée de deux enveloppes successives en laiton argenté et poli comprenant entre elles une mince lame d'air. Le tout est immergé dans une petite cuve pleine d'eau.

Dans un autre modèle, l'isolement thermique est assuré d'une manière plus efficace et plus simple par un vase de verre argenté, à double paroi et à vide (vase de Dewar). Selon le genre de mesures auxquelles l'appareil est destiné, deux procédés différents sont employés pour localiser l'action de l'onde.

L'un de ces procédés [c'est celui qui a été employé par Rubens (^{1})] consiste à constituer chacune des branches du bolomètre par quatre bouts de fil parfaitement identiques et disposés en forme de pont (*fig.* 3).

Avec les fils de 20^μ qui, passés directement à la filière, présentent un diamètre uniforme, on arrive aisément

---

(^{1}) RUBENS, *Ueber stehende elektrische Drahtwellen und deren Messung* (*Wied. Ann.*, t. XLII, 1891).

après quelques tâtonnements à obtenir quatre branches sensiblement identiques.

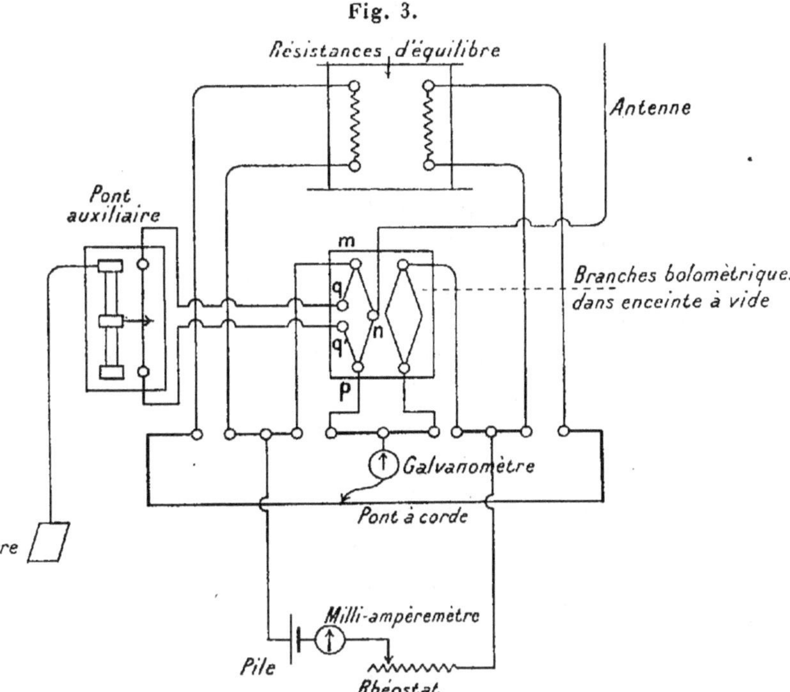

Ces branches bolométriques sont portées par une plaque métallique de laiton argenté et affectent la forme de losanges allongés.

L'identité de forme et de position des deux branches a pour but d'assurer la symétrie parfaite de l'appareil. Le montage est réalisé de la manière suivante. Les fils sont reliés aux bornes m, n, p, q (la borne q étant dédoublée en deux bornes isolées q et q' pour permettre le réglage dont nous parlerons plus loin), par l'intermédiaire de petits crochets, sur lesquels ils sont soudés et qui sont maintenus par des vis de pression.

Les crochets portent des fentes très fines dans lesquelles

on passe les fils. **On s'efforce de réaliser l'égalité des dis-**
tances des points mn, np, pq, **etc., et,** après avoir tendu

Fig. 4.

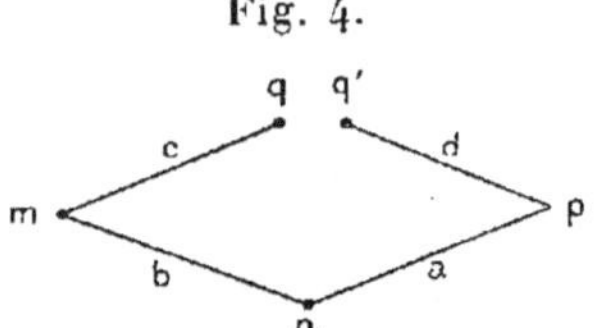

les fils, on fait des points de soudure aux pointes. En
desserrant légèrement les vis de pression on donne alors
un peu de mou aux fils que les variations de dilatation bri-
seraient infailliblement.

On obtient ainsi, en recommençant l'opération s'il est
nécessaire, des branches de résistances assez voisines.

Voici, par exemple, le résultat obtenu pour l'un des
appareils utilisés. Les quatre fils ont au $\frac{1}{10}$ de millimètre
près une longueur commune de $9^{cm},5$. On a trouvé :

$$a = 17^{\omega},90,$$
$$b = 17^{\omega},82,$$
$$c = 17^{\omega},63,$$
$$d = 17^{\omega},70,$$

à la température de $15°$.

Pour ce premier système p, on trouve pour résistance
réduite en mesurant de m en p : résistance $= 17^{\omega},72$.

Ce système p constitue l'une des branches bolométriques. L'autre branche, construite d'une manière identique, présente aussi des différences de $0^{\omega},2$ entre les fils
respectifs, mais donne comme résistance réduite, mesurée
de m' en p' : résistance $= 17^{\omega},67$ à $15°$.

Les différences s'atténuent nécessairement quand les fils
sont en parallèle.

On obtient ainsi deux branches bolométriques différant
de $0^{\omega},05$.

Pour procéder au montage, on commence par confectionner deux bobines A et B en fil beaucoup plus gros, à faible coefficient de variation (en maillechort de $0^{mm},4$ de diamètre) de résistances respectivement égales à $17^{\omega},72$ et à $17^{\omega},67$.

On forme un pont avec les deux branches bolométriques et les deux résistances et l'on modifie légèrement l'une d'elles jusqu'à obtenir l'équilibre du pont.

Les deux résistances A et B sont montées dans une même cuve de verre remplie de pétrole. L'équilibre définitif du bolomètre lors des mesures est parfait à l'aide d'un pont à corde à gros fil de maillechort ($1^{mm},5$ de diamètre) sur lequel se déplace le curseur relié au galvanomètre.

Le schéma du montage est donné dans la figure 5.

Quand on intercale l'appareil dans l'antenne réceptrice

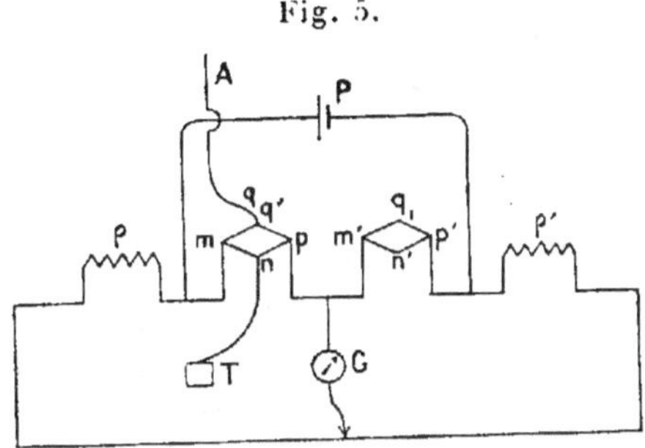

Fig. 5.

l'antenne est reliée à la borne qq' et la terre à la borne n.

Sous cette forme, l'appareil peut être directement étalonné par un courant continu et servir de *wattmètre* (la résistance de l'appareil étant connue et sa self-induction négligeable).

Le procédé employé pour effectuer les mesures consiste à enregistrer la déviation permanente du galvanomètre du pont principal sous l'action des ondes reçues pendant une durée convenable.

On remplace les connexions avec l'antenne et la terre

par la mise en relation avec les pôles d'une source capable de fournir dans le pont constitué par la branche bolométrique un courant continu donnant la même déviation au galvanomètre du pont principal.

Il faut que le déréglage de l'équilibre du pont principal soit produit uniquement par l'effet thermique développé dans le pont auxiliaire.

Pour pouvoir réaliser exactement les conditions voulues, on a ajouté au pont auxiliaire un dispositif de réglage, sorte de petit pont à corde à gros fil (à faible coefficient de variation). C'est pour pouvoir intercaler ce petit pont à corde que la borne q a été dédoublée.

Le curseur de ce pont est commandé par une vis micrométrique. Les conditions de réglage se trouvent réalisées lorsqu'on obtient des déviations du galvanomètre de même sens et rigoureusement égales par inversion du courant continu dans le pont auxiliaire.

Dans des modèles de bolomètres plus sensibles, on a adopté un autre mode de construction et un procédé différent de localisation de l'effet des ondes.

Le procédé consiste à intercaler entre les branches bolométriques, constituées chacune par un bout de fil simple, des enroulements inductifs déterminés au préalable par l'expérience. Cette détermination s'opère à l'aide du bolomètre à pont auxiliaire.

On dispose, en parallèle entre l'antenne et la terre, la branche bolométrique en pont m, et une résistance non inductive absolument identique n.

Dans ces conditions on constate que la déviation du galvanomètre est exactement la moitié de celle que l'on obtient quand on supprime la dérivation n (¹).

(¹) Pour que cela se produise il est indispensable que les résistances m et n soient non seulement égales, mais qu'elles aient la même forme. Ainsi, si conservant la résistance m sous forme de losange on remplace le système n par un fil rectiligne unique de même dia-

On intercale alors entre les points a et n une bobine dont on fait varier le nombre des spires jusqu'à ce que l'on obtienne la même déviation au galvanomètre (sous l'action des ondes) que lorsque la dérivation n'existe pas.

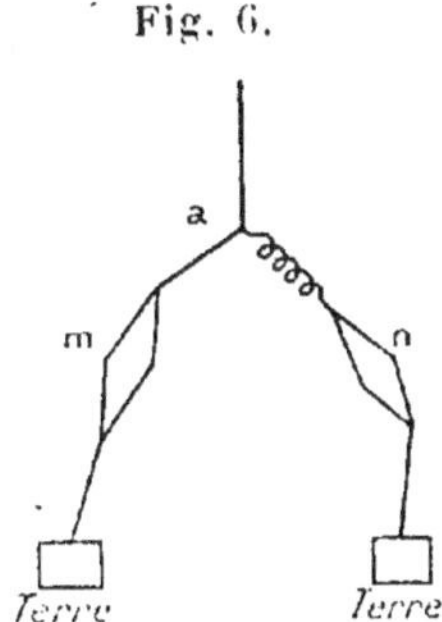

Fig. 6.

Les bobines ainsi déterminées comportent un nombre de spires relativement faible et présentent une résistance peu élevée. Voici, par exemple, le résultat d'une expérience.

Réception d'émissions à 1800^m de distance :

a, bolomètre m seul dans le circuit : déviation 110;

b, bolomètre m et résistance n en parallèle sans self-intercalée : déviation 52;

c, bolomètre m et résistance n en parallèle, bobine de 60 spires de 5^{cm} de diamètre (fil de cuivre de $\frac{40}{100}$ de millimètre) intercalée entre a et n : déviation 110;

d, bolomètre m et résistance n en parallèle, bobine de 60 spires intercalée entre a et m : déviation nulle.

Ce réglage n'a sans doute qu'une valeur empirique et ne convient qu'à la fréquence pour laquelle il a été obtenu. Mais, comme les appareils sont utilisés dans des

---

mètre et de même résistance, les déviations ne sont plus dans le rapport de 1 à 2. L'inductance d'un système tel que m ou l'inductance d'un fil de 10^{cm} de longueur et de 25^a de diamètre ne peut donc être considérée comme absolument négligeable avec les fréquences utilisées.

conditions peu différentes, il reste pratiquement valable pour toutes nos expériences.

Fig. 7.

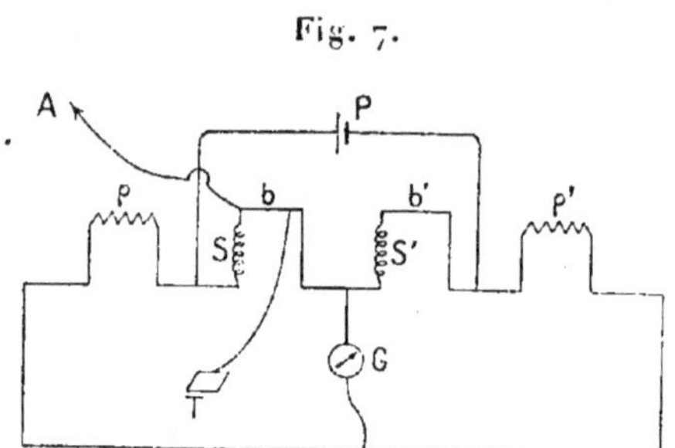

La bobine déterminée par l'expérience précédente a donc 60 spires de 5^{cm} de diamètre et présente une résistance de $0^{m},65$. On en dispose deux, parfaitement identiques, dans les branches conjuguées du pont.

Ces bobines sont, de même que les résistances, placées dans une petite cuve de verre remplie de pétrole.

L'antenne et la terre se trouvent alors reliées comme l'indique la figure 7, les branches bolométriques étant placées en b et b'; les résistances d'équilibre en ρ et ρ'; et les bobines inductives en S et S'.

L'avantage d'une pareille disposition est manifeste tant au point de vue de la simplicité qui en résulte dans la construction de l'appareil, qu'à celui de l'accroissement de la sensibilité.

A résistance égale, en effet, la branche bolométrique étant simple présente une masse quatre fois plus faible que dans le dispositif en pont auxiliaire.

Selon la résistance donnée aux branches bolométriques, on obtient un appareil susceptible de fonctionner comme *ampèremètre* ou comme *voltmètre*.

L'emploi de fils simples comme branches bolométriques permet de se servir de fil à la Wollaston.

Pour monter l'appareil, on prépare une quinzaine de

boucles de fil à la Wollaston engainé d'argent aussi identiques que possible.

Ces boucles sont soudées en a et b à deux tiges isolées
et fixées sur une plaque de cuivre pp'.

Des écrous c, d, portés par les tiges, servent à fixer les
connexions.

Fig. 8.

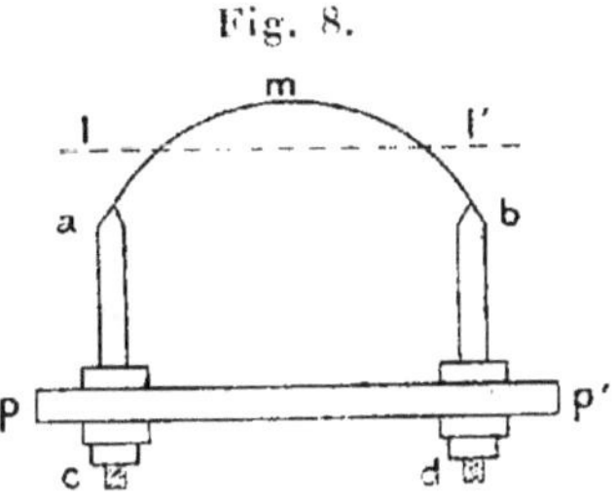

Les boucles sont immergées, à peu près également,
dans de l'acide azotique qui met à nu l'âme de platine sur
une longueur lml', les tiges et points de soudure ayant été
vernis au préalable.

On mesure les résistances des boucles et, en poussant
très légèrement l'attaque de l'acide sur celles qui présentent les résistances les plus faibles, on arrive à obtenir
une douzaine de boucles de résistances toutes différentes,
mais comprises entre deux valeurs extrêmes suffisamment
resserrées. C'est ainsi qu'on a obtenu, avec des boucles
dénudées sur une longueur de $1^{cm},5$ environ et soudées à
deux tiges distantes de $2^{cm},5$, douze résistances comprises
entre $39^{\omega},6$ et $43^{\omega},8$.

On choisit deux des résistances les plus voisines ; soient
une boucle de $42^{\omega},3$ et une boucle de $42^{\omega},4$.

Ces résistances sont montées parallèlement l'une à
l'autre et aussi près que possible dans la même enceinte.
Le réglage de l'appareil s'effectue de la même manière que
celui du bolomètre à pont auxiliaire et ne présente pas
plus de difficulté.

Bien que ces réglages soient faciles à réaliser quand on

les conduit méthodiquement, les appareils n'en sont pas moins d'une construction délicate à cause du maniement des fils fins. Aussi les premiers modèles, ceux qui nous

Fig. 9.

ont permis de fixer les conditions à réaliser pour les longueurs des fils, les dimensions et formes des enceintes, etc., ont-ils été assez laborieux à établir ([1]).

En définitive, on a utilisé les appareils suivants :

1° BOLOMÈTRE A. — A pont auxiliaire, mais sans réglage du petit pont, fil de 26^μ. *Résistance* $21^\omega,65$ à $15°$. Deux enceintes métalliques.

2° BOLOMÈTRE S_1. — A pont auxiliaire et dispositif de réglage du petit pont, fil de 23^μ. *Résistance* $17^\omega,72$ à $15°$. Trois enceintes métalliques, dans le vide.

3° BOLOMÈTRE B. — A fil simple replié. *Résistance* $165^\omega,9$ à $15°$. Deux enceintes métalliques.

4° BOLOMÈTRE W_1. — A fil simple à la Wollaston : longueur du fil environ $1^{cm},8$. *Résistance* $42^\omega,43$ à $15°$. Deux enceintes métalliques, dans le vide.

5° BOLOMÈTRE W_2. — A fil simple à la Wollaston : longueur du fil environ $3^{cm},5$. *Résistance* $81^\omega,35$ à $16°$. Deux enceintes métalliques, dans le vide.

6° BOLOMÈTRE W_3. — A fil simple à la Wollaston : longueur du fil environ 1^{cm}. *Résistance* $15^\omega,4$ dans un vase de Dewar à doubles parois, à vide. Enceinte extérieure de laiton poli.

([1]) L'emploi de fils à la Wollaston, susceptibles d'atteindre 10^μ à 12^μ de diamètre, est très avantageux. On voit, en effet, aisément que la sensibilité de l'appareil varie à peu près en raison inverse de la quatrième puissance du diamètre du fil.

La sensibilité de ces dispositifs dépend, bien entendu, de celle du galvanomètre utilisé sur le pont principal. On s'est servi au cours des expériences des trois galvanomètres suivants :

1° Galvanomètre Broca-Carpentier (genre Thomson) à système astatique constitué par deux aiguilles verticales parallèles.

Ce galvanomètre peut atteindre une sensibilité de $1500\,\Omega$ avec une paire de bobines de 9^{ω} de résistance et une sensibilité de $3000\,\Omega$ avec une paire de bobines de 35^{ω}.

2° Galvanomètre Chauvin et Arnoux (genre d'Arsonval), 50^{ω} de résistance, $35\,\Omega$ de constante.

3° Galvanomètre d'Arsonval-Carpentier, modèle courant, de $2\,\Omega$ de constante et 200^{ω} de résistance.

Pour donner une idée des sensibilités réalisées avec les différents dispositifs bolométriques, nous citerons les données suivantes ([1]) :

Le bolomètre S_1, qui est le moins sensible, permet, avec le galvanomètre Broca, d'obtenir aisément des mesures *directes* de l'énergie reçue à une distance d'une vingtaine de kilomètres du poste d'émission.

Les bolomètres du type W sont encore plus sensibles. Avec le galvanomètre d'Arsonval du type courant, le bolomètre W_1 donne à 4^{km} de distance des déviations d'une cinquantaine de divisions de l'échelle.

En l'associant au d'Arsonval (Chauvin et Arnoux) de constante $35\,\Omega$ on obtient à 10^{km} du poste d'émission des déviations d'une quarantaine de divisions (étincelle de 5^{cm}).

Enfin, si l'on associe ce bolomètre W_1 au galvanomètre

([1]) Les bolomètres W dont la construction est identique ne diffèrent que par la résistance et n'ont pas la même sensibilité. C'est le bolomètre W_1, de résistance 42^{ω}, qui, pour une même émission, donne les déviations les plus grandes. Il paraît donc y avoir une valeur particulièrement favorable de la résistance de l'instrument de mesure.

Broca-Carpentier, on peut obtenir, à 50^{km}, des déviations d'une trentaine de divisions pour des étincelles de 5^{cm} et des déviations de toute l'échelle, à 4^{km}, pour des étincelles de 1^{mm} à l'émission (¹).

Malgré cette grande sensibilité, le spot demeure absolument fixe tant que l'appareil ne reçoit pas d'émissions et la protection thermique est assez parfaite pour que cette immobilité puisse se conserver pendant plusieurs heures.

Aussi les mesures peuvent-elles acquérir une certaine précision.

3. — Détecteur magnétique.

On a utilisé aussi comme appareil de mesure, tant à la réception qu'à l'émission, le dispositif de Rutherford. Ce dispositif est basé sur le principe suivant :

Si l'on place une aiguille d'acier, préalablement aimantée à saturation, dans une bobine parcourue par un courant de haute fréquence, il se produit une désaimantation partielle du noyau.

Le phénomène, qui a d'abord été signalé par Lord Rayleigh, a fait l'objet d'une étude complète de Rutherford (²), puis de Miss Brooks (³).

Rutherford, en particulier, s'en est servi pour étudier l'amortissement dans des circuits de décharge de condensateurs et pour mesurer l'accroissement apparent de la résistance des conducteurs traversés par des courants de haute fréquence.

Il a montré que le dispositif était assez sensible pour être utilisé comme détecteur d'ondes hertziennes à distance et a pu déceler l'effet des ondes électriques à une distance de près de 1^{km}.

(¹) On peut estimer qu'un courant d'une intensité efficace de 100 microampères peut donner une déviation d'une dizaine de divisions de l'échelle.
(²) *Phil. Trans.*, 1897.
(³) *Phil. Mag.*, 1901.

Rutherford ([1]) a entrepris un certain nombre d'expériences de transmission à distance à l'aide du *détecteur magnétique*. Ce détecteur était intercalé dans un résonateur rectiligne, c'est-à-dire dans une véritable antenne réceptrice. On produisait des émissions à une distance de quelques centaines de mètres ($\frac{1}{4}$ de mille) avec un oscillateur de Hertz à plaques.

Rutherford trouva que la déviation du détecteur allait en augmentant avec la longueur du fil récepteur et atteignait un maximum qui ne subissait plus aucun changement par un accroissement ultérieur de la longueur des fils.

L'effet exercé sur le détecteur était pratiquement indépendant de la section des fils récepteurs. Un fil fin et une tige épaisse de la même longueur donnaient des effets égaux. Une plaque de métal de 6^{cm} de largeur donnait la même déviation qu'un fil fin.

Un nombre quelconque de fils en parallèle donnait lieu au même effet qu'un simple fil ou qu'une plaque.

Rutherford employait un magnétomètre pour enregistrer les variations de l'état magnétique du noyau.

Nous avons substitué à ce magnétomètre, un galvanomètre balistique sensible en ajoutant un enroulement secondaire sur le noyau et obtenu d'abord des effets mesurables à 4^{km} du poste d'émission.

L'emploi du galvanomètre Broca-Carpentier comme balistique ([2]) nous a permis ultérieurement d'accroître la sensibilité de l'appareil et de recevoir des émissions mesurables à une distance de 12^{km} à 15^{km}.

La forme adoptée pour le détecteur est la suivante :

Le noyau est constitué par un faisceau d'une vingtaine d'aiguilles d'acier de $0^{mm},3$ de diamètre et de 2^{cm} de lon-

---

([1]) RUTHERFORD. *Phil. Trans.*, t. CLXXXIX, 1897.
([2]) Nous avons trouvé avantageux pour cela d'accroître légèrement la distance des bobines.

gueur. L'enroulement primaire comprend une couche de 45 spires en fil de $0^{mm},4$ de diamètre soigneusement isolé du noyau. L'enroulement secondaire est séparé du primaire par un tube d'ébonite mince, comprend un millier de spires de fil de $0^{mm},12$ de diamètre et présente une résistance de $23^{\omega},7$.

Par-dessus le secondaire est enroulée la bobine magnétisante (11 couches de fil de $0^{mm},4$, soit environ 400 spires) destinée à aimanter à saturation le noyau. On fait passer dans cette bobine un courant de 1 ampère environ fourni par un élément d'accumulateur.

4. — Données fournies par les appareils et mode d'emploi.

Avant d'exposer la marche des expériences, il importe de préciser exactement quelle est la nature des données fournies par les appareils de mesure et le degré de confiance que l'on peut avoir dans leurs indications.

Dans le bolomètre ce sont certainement les effets thermiques qui sont en jeu.

La variation de résistance enregistrée est proportionnelle à la variation de la température du fil. Or, pour les faibles écarts qui se produisent, on peut admettre que la variation de température est proportionnelle à la quantité de chaleur mise en jeu dans l'unité de temps, c'est-à-dire à $\int R i^2 dt$, i étant l'intensité périodiquement variable du courant reçu par l'appareil. Quel que soit le mode d'excitation de l'antenne réceptrice (ou du résonateur dans le circuit duquel se trouve le bolomètre), l'oscillation qui prend naissance dans le système est une oscillation périodique amortie, et l'on peut vraisemblablement représenter le courant par une expression de la forme

$$1 = A\, e^{-\alpha t} \cos \frac{2\pi}{T} t.$$

On établit aisément, par un calcul analogue à celui que

l'on fait pour les mesures électrométriques ([1]), que l'intégrale totale, c'est-à-dire celle qui correspond à la série complète des oscillations qui ont pris naissance pour une seule émission de l'oscillateur, a pour valeur approchée

$$R \frac{I_0^2}{4\alpha},$$

en désignant par I_0 la valeur maximum de l'intensité et par R la résistance du fil. On peut noter que, comme le fil est extrêmement fin, la résistance du fil pour les fréquences élevées que l'on utilise est peu différente de la résistance ohmique pour un courant continu. S'il y a n émissions par seconde, c'est-à-dire n étincelles de l'excitateur, la déviation du galvanomètre du pont sera sensiblement proportionnelle à

$$R\,n \frac{I_0^2}{4\alpha},$$

de sorte que l'on a

$$\delta = K\,n\,R \frac{I_0^2}{4\alpha}.$$

Et les déviations enregistrées sont proportionnelles au carré de l'intensité maximum.

Si maintenant on fait passer dans l'appareil (supposé être le bolomètre S_1) un courant continu d'intensité i qui donne la même déviation δ, on a

$$\delta = KR\,i^2$$

et

$$n \frac{I_0^2}{4\alpha} = i^2, \qquad i = \frac{\sqrt{n}}{2\sqrt{\alpha}} I_0.$$

Cette intensité i peut être appelée *l'intensité efficace* du courant reçu par le bolomètre.

D'ailleurs, on doit remarquer que la même déviation correspond à la même variation de la température du fil,

<hr>

[1] POINCARÉ, *Les oscillations électriques*, p. 165 ; BJERKNES, *Wied Ann.*, t. XLIV, 1891.

les pertes par rayonnement et conductibilité thermique étant restées exactement les mêmes.

Les valeurs de δ sont donc approximativement proportionnelles à $\frac{I_0^2}{\alpha}$, et les valeurs de i sont proportionnelles à $\frac{I_0}{\sqrt{\alpha}}$.

Voici, par exemple, les résultats d'un étalonnage du bolomètre S_1 relié au galvanomètre Chauvin et Arnoux.

Le réglage préalable ayant été effectué de manière que le courant d'une pile locale donnât *exactement* la même déviation avant et après inversion, on a trouvé :

Courant principal (dans le grand pont)...... 53.10^{-3} ampères

Déviations Δ. Échelle à 1^m.	Courant i en milliampères.	i^2.	$\frac{\Delta}{i^2}$.
2	1,22	1,49	1,34
4	1,72	2,98	1,34
7	2,3	5,29	1,33
10	2,75	7,6	1,32
20	3,9	15,2	1,32
30	4,8	23,0	1,31
40	5,55	30,8	1,30
50	6,2	38,4	1,30
60	6,8	46,2	1,30
70	7,3	53,3	1,31
80	7,8	60,8	1,31
90	8,3	68,9	1,30
100	8,75	76,5	1,31
120	9,6	92,2	1,30
130	10,0	100,0	1,30

On doit donc considérer les déviations du galvanomètre comme rigoureusement proportionnelles au carré de l'intensité efficace.

L'effet exercé sur le détecteur magnétique doit être considéré comme proportionnel à l'intensité maximum.

Rutherford, en aimantant des aiguilles d'acier par des décharges oscillantes et dissolvant progressivement les aiguilles dans de l'acide nitrique (¹), a mis en évidence deux couches aimantées en sens inverse et superposées l'une à l'autre. Tout paraît donc se passer comme s'il y avait deux oscillations de direction opposée dans la décharge, et deux seulement.

Le phénomène présente une apparence analogue quand une aiguille aimantée à saturation est soumise à l'action d'une décharge oscillante amortie.

L'aimantation de l'aiguille est toujours réduite, et l'on observe seulement deux couches aimantées en sens inverse.

La décharge se compose d'une série de demi-oscillations successives de sens opposé. La première des demi-oscillations efficaces est celle qui agit dans le même sens que la force démagnétisante des extrémités.

Supposons, par exemple, que ce soit la première de la série.

La seconde demi-oscillation agit alors en sens inverse de la force démagnétisante qui la contrarie. Elle tendra à aimanter l'aiguille dans le sens primitif, mais, son action se trouvant réduite par le champ démagnétisant, elle ne pourra aimanter qu'une couche superficielle et laissera subsister à l'intérieur une couche aimantée en sens inverse du sens primitif d'aimantation.

A chacune des oscillations suivantes, le même phénomène se reproduira, de sorte qu'en définitive la surface se trouvera aimantée en sens inverse de l'intérieur et l'aimantation primitive paraîtra réduite.

Le phénomène se produira dans ce sens, même si les oscillations sont toutes égales, c'est-à-dire si l'amortissement est nul.

____

(¹) RUTHERFORD, *Philos. Trans.*, t. CLXXXIX, 1897.

Si elles vont en décroissant d'amplitude, ce qui est le cas général, l'effet de désaimantation sera exagéré quand la première demi-oscillation, qui est la plus intense, agira dans le sens de la force démagnétisante; réduit, au contraire, quand cette première demi-oscillation agira en sens inverse.

Rutherford a observé que la déviation du magnétomètre est sensiblement proportionnelle à la force magnétique (démagnétisante) qui agit sur l'aiguille, à condition que cette force magnétique ait une valeur bien inférieure à celle qui amènerait la désaimantation complète.

Rutherford paraît admettre que l'effet est dû à l'intensité maximum. Mais il pourrait être dû à l'intensité moyenne.

En l'absence de données précises fournies par Rutherford, j'ai essayé d'élucider ce point en faisant passer dans un détecteur magnétique le courant de décharge d'une capacité ([1]).

Une clef K permet de charger le condensateur C avec la pile (ou le compensateur) P et de décharger ce condensateur dans le détecteur A.

Fig. 10

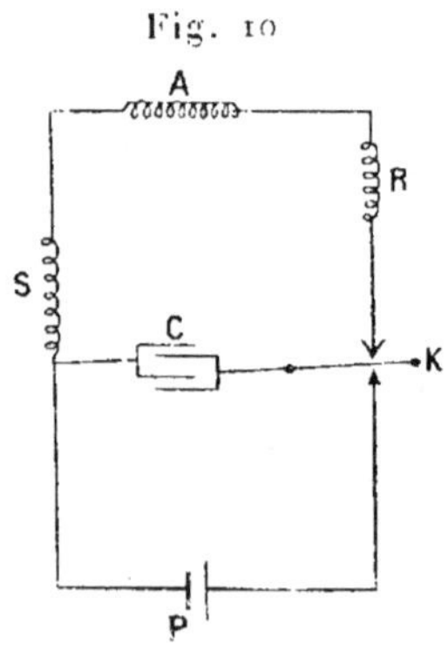

Le circuit de décharge comprend, outre le condensa-

<hr />

([1]) Soc. de Phys., février 1905.

teur C, de capacité variable, une self S et une résistance non inductive R.

En agissant sur les éléments du circuit de décharge, on peut réaliser à volonté la forme de décharge que l'on désire, et disposer de ces éléments de manière que l'appareil reçoive toujours la même quantité d'énergie.

A égalité d'énergie reçue, on trouve que les décharges très amorties sont les plus efficaces.

L'effet paraît donc en rapport avec l'intensité maximum et l'on peut admettre que l'on a sensiblement $\delta = m\,\mathrm{I}_0$, en désignant par δ l'élongation du galvanomètre balistique relié au secondaire de la bobine du détecteur.

Je reviendrai ultérieurement sur l'emploi du détecteur pour les mesures d'amortissement.

3. — Régime du courant dans l'antenne.

Il importait de déterminer d'abord, au moins d'une manière approximative, quel est le régime de l'antenne de réception, ne fût-ce que pour pouvoir disposer les appareils de mesures dans les conditions les plus favorables.

Nous avons vu que différents expérimentateurs ont observé directement l'onde stationnaire dans l'antenne d'émission.

Nous avions pu nous rendre compte, en photographiant l'étincelle dissociée par un miroir animé d'un mouvement de rotation rapide (500 tours par seconde), de l'allure générale du phénomène d'émission, ainsi que de la valeur approximative de la période (expériences exécutées en 1901).

Nous reviendrons plus loin sur la description de ces expériences et nous ne retiendrons pour l'instant que les résultats généraux suivants qui ont permis d'orienter nos recherches ultérieures :

1° On doit considérer comme faisant partie de l'oscillateur le système complexe constitué par l'éclateur, l'antenne et la terre (dans le système direct);

2° La longueur des ondes émises dans le système direct est voisine de quatre fois la longueur de l'antenne;

3° L'amortissement dans le système direct paraît considérable et notablement plus grand que dans le système indirect;

4° L'amortissement dans le système indirect, toujours bien moindre que dans le système direct, passe, pour un montage donné, par un maximum pour une valeur de la période du système correspondant à quatre fois la longueur de l'antenne.

On peut en inférer que, d'une manière générale, l'antenne d'émission vibre comme un tuyau fermé.

A la base, qui est reliée à l'éclateur et où se produit l'ébranlement électrique, il y a un ventre d'intensité, un nœud au sommet où la capacité est très faible.

En ce qui concerne l'antenne de réception (que nous supposons reliée à la terre à la base), on a admis, par analogie avec l'antenne d'émission, qu'il se produisait un ventre d'intensité à la partie inférieure et un nœud au sommet. Ce sont bien les indications générales que fournit la théorie. Mais le fait n'a été soumis à aucune vérification expérimentale.

On ne peut, en effet, considérer comme telles les observations qui ont été faites par différents expérimentateurs sur des fils tendus parallèlement l'un à l'autre à une distance notablement inférieure à la longueur d'onde.

Nous nous sommes proposé de déterminer, par une expérience directe, le régime de l'antenne réceptrice.

Nous nous sommes servi du bolomètre W_3 qui a été intercalé successivement sur l'antenne réceptrice à différentes distances du sommet.

Le bolomètre W_3 présente la disposition schématique

suivante : dans chacune des branches du pont qui contiennent les fils bolométriques ab, $a'b'$, on a intercalé des
enroulements identiques ss_1, $s's'_1$ déterminés expérimentalement par le procédé précédemment décrit.

C'est le fil ab que l'on intercale dans l'antenne en reliant
le point a à la portion qui vient du sommet et le point b à
la portion qui va à la terre.

Les résistances d'équilibre ρ et ρ' sont réunies au sommet p, c'est-à-dire que l'on ne fait pas usage de pont à
corde. On peut se passer de pont à corde à condition de
réaliser une symétrie parfaite dans l'appareil et de se servir
d'un galvanomètre modérément sensible. Les résistances
et les bobines de self sont contenues dans un même récipient rempli d'huile de vaseline. Ce récipient est disposé
dans une enceinte en laiton poli à doubles parois.

Quant aux branches bolométriques mêmes, c'est-à-dire
aux fils fins ab, $a'b'$, elles sont disposées dans l'intérieur
d'un vase de Dewar protégé par une enveloppe cylindrique de laiton poli.

Fig. 11.

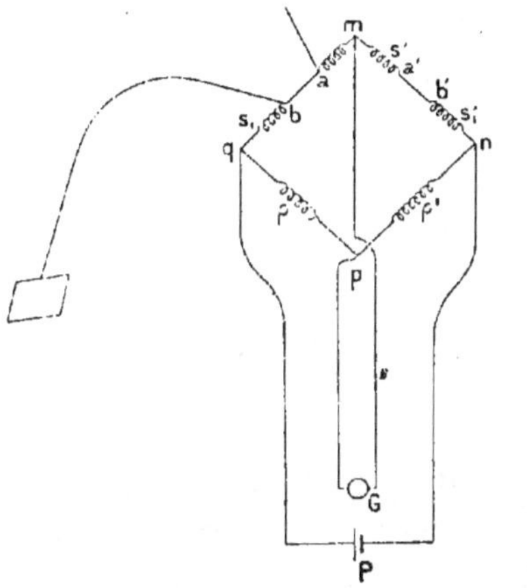

L'ensemble constitue une sorte de boîte cylindrique
légère de 40^{cm} de hauteur et de 15^{cm} de diamètre, qu'il est

facile de hisser à différentes hauteurs le long de l'antenne dans laquelle l'appareil est intercalé comme l'indique le schéma (*fig.* 9).

Comme le pont à corde est supprimé, quatre conducteurs suffisent à relier l'appareil à la pile et au galvanomètre.

Ces conducteurs, qui sont des fils relativement fins, bien isolés, sont cordés ensemble sur tout le parcours extérieur au poste de mesures.

On leur conserve une longueur constante pour toutes les expériences.

On a choisi deux antennes filiformes simples, identiques à l'émission et à la réception, de 57^m de longueur. Les émissions étaient faites par un poste situé à une distance de 1600^m avec 5^{cm} d'étincelle en système direct.

On obtient les déviations suivantes au galvanomètre Chauvin et Arnoux pour les différentes positions du bolomètre :

Distance du bolomètre au sommet.	Déviations δ.	$\sqrt{\delta}$.
m		
0	0	0
5	1,5	1,25
15	4	2
25	15	3,88
35	31	5,57
45	50	7,10
50	60	7,75
56,50	70	8,30

Résultat qui indique de la manière la plus nette que, dans l'antenne réceptrice excitée à distance, il se produit une onde stationnaire avec un ventre d'intensité à la base et un nœud au sommet.

On voit aussi que l'intensité croît très rapidement vers la base et qu'il y a grand intérêt, pour l'exécution des

mesures ultérieures, à placer le bolomètre le plus près
possible de la terre.

C'est ainsi que nous avons toujours opéré.

Résonance des antennes.

On divisera les nombreux cas de résonance qui ont été
réalisés, en quatre groupes :

A. Émission directe. — Réception directe.
B. Émission indirecte. — Réception directe.
C. Émission directe. — Réception indirecte.
D. Émission indirecte. — Réception indirecte.

A. ÉMISSION DIRECTE. — RÉCEPTION DIRECTE.

Nous entendons par *réception directe* le dispositif qui
consiste à intercaler le bolomètre dans l'antenne de réception, entre cette antenne et la terre. Le bolomètre est
généralement placé à la base même de l'antenne, c'est-
à-dire le plus près possible de la prise de terre.

On a opéré de deux manières différentes :

1° En conservant la même antenne réceptrice et faisant
varier progressivement de 2^m en 2^m, par exemple, la longueur de l'antenne d'émission.

2° En gardant la même antenne d'émission et faisant
varier graduellement la longueur de l'antenne réceptrice.

On s'attachait à maintenir aussi invariables que possible
les conditions de l'émission : wattage du courant d'excitation, longueur de l'étincelle, vitesse de l'interrupteur.
La régularité de l'émission se traduit d'ailleurs à la réception, d'une manière très nette.

Lorsque l'émission est régulière, la déviation du spot
est progressive, atteint son maximum, puis se maintient
invariable en oscillant à peine autour de la position
d'équilibre.

Les moindres irrégularités dans l'émission, et principalement les moindres variations de vitesse de l'interrupteur, se traduisent par des mouvements saccadés du spot et des oscillations d'amplitude notable ([1]).

Les observations se composaient de séries d'émissions suffisamment prolongées pour donner un régime permanent dans le bolomètre, c'est-à-dire une déviation fixe du galvanomètre.

Ce résultat était obtenu avec les galvanomètres genre d'Arsonval pour des émissions d'une durée de 4 secondes et avec le galvanomètre Broca pour des émissions d'une durée de 6 à 8 secondes selon la sensibilité utilisée (c'est-à-dire la durée d'oscillation de l'équipage).

Les émissions, ou *longues*, étaient séparées par des intervalles uniformes de 10 secondes pour permettre au galvanomètre de revenir au zéro et faire l'inscription des observations.

Chaque série se composait d'une dizaine de longues.

Les moyennes que nous avons acceptées portent sur une vingtaine d'observations d'émissions consécutives, et les valeurs individuelles ne s'écartent jamais de plus de 2 pour 100 les unes des autres.

Antenne d'émission 40^m filiforme simple ($d = 0^{cm},3$), verticale.

Antenne de réception variable, filiforme simple ($d = 0^{cm},3$), verticale. Distance des postes, $1^{km},800$. Bolomètre A.

Longueur de l'antenne de réception.	Déviations.	
	Étincelles de $2^{cm},5$.	Étincelles de 5^{cm}.
m		
20	7	12
30	18	34
40	**23**	**44**
50	15	28
60	12	22
70	10	18

([1]) L'observation au bolomètre constitue un moyen très délicat d'appréciation de la régularité des différents interrupteurs.

Nous avons pu ainsi nous rendre compte de la grande supériorité que

Il se produit un maximum très net pour une longueur de l'antenne réceptrice égale à celle de l'antenne d'émission. La décroissance rapide qui se produit de 30^m à 20^m paraît due à ce que l'antenne, pour les faibles hauteurs, se trouve partiellement masquée.

Nous aurons l'occasion de signaler ultérieurement l'influence de la portion *efficace*.

D'autres expériences ont été exécutées avec des antennes multiples de même forme.

Antenne d'émission comprenant une portion à 4 branches parallèles de 50^m de longueur et une portion simple *variable* (*Jeanne d'Arc*).

Antenne de réception comprenant une portion à 4 branches parallèles de 50^m de longueur et une portion simple de 10^m. Étincelles de 3^{cm}. Distance des postes, 2500^m. Bolomètre W_1. Galvanomètre Chauvin. Antenne de réception verticale, antenne d'émission inclinée à $45°$.

Longueur de l'antenne d'émission.	Déviations.
52^m	15,5
54	26,5
56	43,5
58	72,5
60	**93**
62	65
64	56
66	52

Il y a un maximum très marqué pour une longueur de l'antenne d'émission égale à celle de l'antenne de réception.

---

présente l'interrupteur *atonique* Carpentier sur les autres trembleurs, genre Neef.

Pour les fortes étincelles, où l'emploi d'un interrupteur genre Foucault s'impose, l'interrupteur oscillant Rochefort est le seul qui nous ait donné des résultats comparables à ceux de l'interrupteur *atonique*.

Antenne d'émission comprenant une portion multiple de 38^m à 6 branches parallèles distantes de 1^m, et une partie simple de 18^m (poste du Raz de Sein).

Antenne de réception comprenant une portion multiple de 38^m à 6 branches parallèles distantes de 1^m, et une partie simple variable (poste du Parc-au-Duc). Distance des postes, 40^{km}. Bolomètre W_1. Galvanomètre Broca.

Longueur de l'antenne de réception.	Déviations.
45^m	10
50	18
54	25
56	**29**
60	23
65	16

Et l'on trouve un maximum net pour une longueur totale de l'antenne de réception égale à 56^m, c'est-à-dire quand l'antenne de réception, *qui présente la même forme que l'antenne d'émission*, a la même longueur.

Ainsi, d'une manière générale, *quand les antennes ont la même forme, la résonance a lieu pour l'égalité des longueurs, c'est-à-dire quand les systèmes sont identiques.*

Lorsque les antennes ont des formes différentes, il y a encore un maximum, mais ce maximum se produit pour des valeurs inégales des longueurs et est moins marqué que quand les antennes sont identiques.

Ainsi :

Antenne d'émission de 60^m de longueur totale, 50^m de partie multiple quasi-verticale à 4 branches parallèles. (Cette antenne est celle qui a été employée dans la plupart des expériences et nous a servi de type de comparaison. Nous l'appellerons désormais *l'antenne normale*.)

Antenne de réception filiforme simple de longueur variable. Émissions par étincelles de 4^{cm}. Distance des postes, 1500^m. Bolomètre W_1. Galvanomètre d'Arsonval ordinaire.

Longueur de l'antenne
réceptrice. Déviations.

45	4
50	6,5
55	9
60	15
65	**19,5**
70	**21**
75	14
80	10

Le maximum correspond à la longueur de 70^m, ou peut-être à une longueur un peu plus faible.

La faiblesse des déviations tient à ce qu'on s'est servi d'un galvanomètre peu sensible, galvanomètre d'Arsonval de 200^m de résistance, shunté par le bolomètre qui a une quarantaine d'ohms de résistance.

L'emploi de ce dispositif était imposé par les conditions de l'expérience. L'antenne de réception était disposée sur un bâtiment au mouillage et les mesures ne pouvaient être faites qu'avec un instrument fortement amorti.

Pour obtenir les longueurs de 60^m à 80^m, on coudait l'antenne qui présentait ainsi une portion d'une cinquantaine de mètres inclinée à $45°$ environ et une portion horizontale à la partie supérieure.

On a réalisé l'expérience inverse en conservant l'antenne de réception constante, et faisant varier la longueur de l'antenne d'émission.

Antenne d'émission filiforme simple variable de $0^{cm},4$ de diamètre (*Marseillaise*). Antenne de réception normale de 60^m de longueur totale (50^m quadruple). Étincelle de 3^{cm}. Bolomètre W_1. Galvanomètre Chauvin. Distance des postes, 1600^m.

Longueur de l'antenne
d'émission. Déviations.

85	23
80	30

Longueur de l'antenne d'émission.	Déviations.
75^{m}	34
70	**36**
65	31
60	23
55	10

Le maximum correspond à une longueur de l'antenne d'émission égale à 70^{m}.

Une antenne simple de 70^{m} de longueur est donc *équivalente,* au point de vue de la résonance, à une certaine antenne multiple de 60^{m}.

Nous verrons plus loin que cette équivalence n'est pas parfaite et nous préciserons les conditions qui doivent être réalisées pour qu'elle ait réellement lieu.

Un grand nombre d'expériences ont été effectuées sur la mise en résonance de systèmes d'antennes multiples de formes différentes. Ces expériences, qui avaient été entreprises au cours de recherches sur la *télégraphie sans fil,* avaient pour objet de réaliser l'accord des antennes disposées sur les différents bâtiments ainsi que dans les stations du littoral.

Bien que la mise en résonance de pareils systèmes ne puisse conduire à réaliser sur cohéreur qu'une syntonie extrêmement imparfaite, il est cependant très utile d'établir cette résonance, car l'expérience montre que l'on obtient ainsi un accroissement notable des portées.

La manière la plus simple de réaliser les conditions de résonance consisterait à se servir à l'émission et à la réception de deux antennes parfaitement identiques.

Nous avons vu plus haut que la résonance se trouvait bien, en effet, réalisée en pareil cas.

Mais il n'est pas toujours possible de satisfaire à ces conditions. L'importance du procédé, *pour la pratique,* résulte du fait qu'on ne peut, en général, se servir d'antennes identiques dans les postes entre lesquels on désire établir des communications.

Sur les bâtiments, notamment, la hauteur dont on dispose se trouve limitée par celle des mâtures, et l'on est conduit à faire usage de systèmes d'antennes de formes assez différentes ([1]).

Nous citerons les expériences suivantes :

Antenne d'émission de *longueur variable* constituée par une portion quadruple fixe de 3o^m de longueur peu inclinée sur l'horizontale et une portion simple quasiverticale (*Masséna*). On agit sur la portion simple en conservant la projection verticale constante.

Antenne de réception normale de 6o^m de longueur; 5o^m quadruple quasi-verticale.

Distance des postes : 1200^m. Étincelle de 5^{cm}. Bolomètre S$_1$.

Longueur de l'antenne d'émission.	Déviations (1).
^{m}	
48	81
5o	97
52	112
54	**126**
56	123
58	98
6o	83

Ce qui donne une longueur de 55^m pour l'antenne d'émission en résonance.

La mesure a pu être reprise, dans des conditions identiques, avec le même bâtiment à une distance de 9500^m (même bolomètre S$_1$). Emploi du galvanomètre Broca (shunté).

([1]) Nous avons réalisé ainsi l'accord des antennes d'une douzaine de postes établis la plupart sur des bâtiments.

Longueur de l'antenne d'émission.	Déviations (2).	Rapport des déviations $\frac{(1)}{(2)}$.
48^{m}	26	3,12
50	31	3,13
52	36	3,12
54	40	3,14
55	**42**	3,08
56	40	3,08
57	37	
58	31	3,15
60	26	3,14
62	23	
64	21	
66	18	

Le maximum a lieu pour la même longueur (55^{m}) de l'antenne d'émission. On peut noter de plus que le rapport des déviations obtenues pour les mêmes longueurs respectives des antennes est sensiblement constant, ce qui montre que le phénomène observé est bien le même à 10^{km} qu'à 1^{km}.

On est donc en droit de considérer les distances de 1200^{m} à 1800^{m}, c'est-à-dire des distances égales à 20 ou 30 fois la longueur de l'antenne, comme de *grandes distances* et il sera légitime de regarder les résultats obtenus comme applicables à des systèmes très éloignés. Nous fournirons plus loin une preuve directe à l'appui de cette assertion.

On a fait une mesure d'accord à l'aide d'un autre poste (*Formidable*) en donnant au bolomètre deux positions différentes sur l'antenne de réception. Pour les déviations (1), le bolomètre était placé le plus près possible, c'est-à-dire à $0^{\mathrm{m}},50$ de la terre. Pour les déviations (2), le bolomètre était placé à 5^{m} de la terre.

L'antenne de réception avait, dans les deux cas, une longueur totale de 60^{m} depuis le sommet jusqu'à la prise de terre. Cette antenne de réception était l'antenne normale.

L'antenne d'émission, qui était constituée par une portion quadruple de 30^m de longueur et un bout inférieur simple de longueur variable, avait une projection verticale de 42^m.

Longueur de l'antenne d'émission.	Déviations (1).	Déviations (2).
46^m	21	16
48	33	25
50	42	31
52	**51**	**39**
54	50,5	38
56	43	32
58	38	28
60	32	24
62	29	21
64	25	18

Le maximum se produit pour une même valeur (52^m) de l'antenne d'émission dans les deux positions du bolomètre.

Les déviations sont seulement un peu plus faibles quand on passe de la position 1 à la position 2, mais les rapports demeurent très sensiblement constants.

Les antennes de deux postes différents A et B, constituées chacune par une portion quadruple de 30^m de longueur et par une partie simple de longueur variable, ont été accordées séparément sur l'antenne d'émission normale de 60^m en les prenant respectivement comme antennes réceptrices et faisant varier leur longueur.

On a trouvé que les conditions de résonance étaient réalisées quand ces antennes avaient toutes deux la même longueur de 55^m, c'est-à-dire 30^m multiple et 25^m de portion simple. On a pris alors l'antenne du poste A

T. 4

comme antenne d'émission, l'antenne du poste B comme antenne de réception.

En faisant varier progressivement la longueur de l'antenne B, on a obtenu (distance des postes, 3000^m) :

Longueur de l'antenne de réception B.	Déviations.
45	7,5
47	10,5
49	12
51	15
53	21
55	**27**
57	24
59	19
61	17
63	15
65	12

Le maximum se trouve donc bien encore à 55^m, *bien que les deux antennes n'aient ni la même inclinaison générale, ni la même courbure.*

Ainsi, d'une manière générale :

Quand deux systèmes A *et* B *sont en résonance avec un troisième* C, *ils sont aussi en résonance entre eux.*

Lorsque les systèmes sont constitués par des antennes de même forme *intrinsèque,* comme les systèmes précédents A et B, les phénomènes de résonance sont réciproques, c'est-à-dire que l'on peut prendre indifféremment l'antenne A ou l'antenne B comme antenne d'émission, sans que les conditions de l'accord soient modifiées.

Il n'en est plus tout à fait de même quand les deux antennes ont des formes différentes.

Nous avons réalisé les conditions de résonance du système A avec l'antenne normale de deux manières différentes, d'une part, en prenant le système A comme antenne d'émission; d'autre part, en prenant ce système A comme antenne de réception.

Quand on prend l'antenne A comme antenne d'émission et qu'on l'accorde sur l'antenne normale en faisant varier progressivement sa longueur, on trouve que les conditions d'accord sont réalisées pour une longueur de l'antenne d'émission égale à 52^m. C'est le résultat de la mesure que nous avons donnée ci-dessus.

Quand on prend au contraire l'antenne A comme antenne de réception on trouve que les mêmes conditions d'accord sont réalisées pour la longueur de 55^m, la portion multiple conservant d'ailleurs la même valeur dans les deux cas. On obtient alors, en effet,

Longueur de l'antenne de réception.	Déviations.
44^m	17,5
46	21,5
48	25,5
50	3o
52	35
54	**39,5**
56	**40**
58	38
60	35
62	3o

Même en faisant la part des erreurs d'observations, et principalement des erreurs possibles sur l'évaluation des longueurs, il est manifeste que la résonance n'a pas lieu exactement pour les mêmes valeurs des longueurs ([1]) des antennes quand on permute l'émission et la réception.

Cette non-réciprocité, qui tient, comme nous l'établi-

([1]) Le fait nous ayant surpris d'abord, nous avons répété la mesure à différentes reprises; à plusieurs mois de distance nous avons retrouvé exactement les mêmes résultats.

rons plus loin, à ce que le maximum observé ne correspond qu'à une pseudo-résonance, se produit toutes les
fois que les systèmes en présence sont différents, mais elle
est, en général, assez peu sensible pour que l'on n'ait pas
à en tenir compte pratiquement.

Pour que la résonance complète puisse se produire, il
faut en effet :

1° Que les systèmes aient non seulement la même
période fondamentale, mais encore les mêmes harmoniques;

2° Que les amortissements soient les mêmes.

Ces conditions ne se trouvent réalisées simultanément,
en général, que lorsque les systèmes sont identiques.

Dans le cas présent, l'identité complète de forme et de
position n'est pas nécessaire. Il suffit que les formes
intrinsèques soient les mêmes.

B. — ÉMISSIONS INDIRECTES.

Nous avons réalisé aussi des cas de résonance variés en
excitant l'antenne indirectement, c'est-à-dire par induc-

Fig. 12.

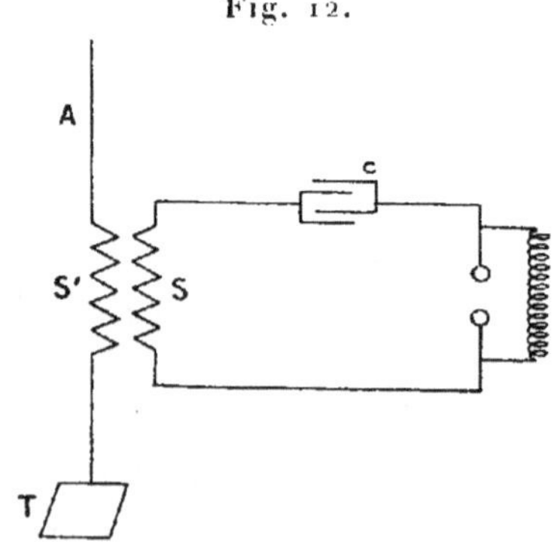

tion électromagnétique et faisant usage des dispositifs
classiques de M. Blondlot.

L'excitation se compose d'un seul tour de fil, de $0^{cm},3$

de diamètre, enroulé sur un cadre carré constituant un primaire S, et d'un condensateur C composé d'un nombre variable de jarres identiques réunies en surface.

Un secondaire S', constitué généralement par deux tours du même fil enroulé sur le même cadre et engainé dans un tube épais de caoutchouc, est relié à l'antenne et à la terre.

On s'est servi de cadres de 35^{cm}, 50^{cm} et 70^{cm} de côté. Les condensateurs étaient des jarres cylindriques de verre épais de deux dimensions différentes et avaient les capacités suivantes :

Valeur moyenne ([1]).

Modèle n° 1................	C =	400^{cm}
Modèle n° 2...............	C =	1400^{cm}

Les émissions étaient reçues directement, en intercalant le bolomètre entre l'antenne réceptrice et la terre.

On observe d'abord que, tandis que les émissions directes sont plus aisément reçues sur cohéreur que les émissions indirectes et que la facilité des réceptions au cohéreur se montre à peu près indépendante de la période de l'émission, il en est tout autrement au bolomètre.

L'effet obtenu sur le bolomètre est, *en général,* beaucoup plus grand avec l'émission indirecte qu'avec l'émission directe et la résonance bien plus marquée.

Par exemple, en opérant à wattage égal du courant d'excitation et avec des antennes filiformes simples identiques de 40^m de longueur à l'émission et à la réception, on a :

Déviations.

Émission par système direct.............	31
Émission par système indirect à l'accord (cadre de 35^{cm} et 2 jarres n° 2).......	64

([1]) Les capacités des jarres utilisées (une dizaine) n'étaient pas rigoureusement identiques. Elles étaient comprises entre 1250^{cm} et 1530^{cm} pour les jarres n° 1.

On produit des émissions avec le cadre de 35^{cm} à wattage d'excitation constant. En faisant varier la capacité du circuit de décharge, on obtient :

Capacités.	Déviations.
1	10
1,4	17
1,8	42
2,2	**75**
2,6	51
3	26

Quand on opère avec des antennes multiples, la position du maximum et sa valeur changent et le maximum est encore plus accentué.

Ainsi, avec deux antennes multiples identiques à quatre branches parallèles de 40^m de longueur totale, on a :

Capacités.	Déviations.
1	16
2	26
3	**185**
4	69,5
5	30
6	20

Nous verrons plus loin que cette mise en résonance très nette fournit un moyen de déterminer la période des systèmes en photographiant l'étincelle de l'excitation qui fournit directement la période de l'émission.

Quand on opère avec des antennes différentes, avec des antennes de longueurs inégales, par exemple, à l'émission et à la réception, il y a encore un maximum, mais ce maximum est moins marqué que lorsque les antennes sont identiques, et devient d'autant moins apparent que les périodes propres des antennes diffèrent davantage. Ainsi, avec une antenne d'émission simple de 40^m, cadre de 70^{cm} et une antenne de réception de 60^m, on obtient :

Capacités.	Déviations.
1	10
1,5	22
2	**49**
2,5	43
3	38
4	13

La mesure des périodes, sur laquelle nous reviendrons plus loin, montre que le maximum a lieu pour une valeur de la période d'émission voisine de celle qui correspond aux vibrations libres de l'antenne de réception.

C'est donc pratiquement l'antenne de réception qui règle l'accord en pareil cas.

Parmi les nombreux cas de résonance analogues que nous avons réalisés, nous citerons l'expérience exécutée entre deux stations distantes de 40^{km} (Pointe du Raz-Parc-au-Duc).

Les émissions étaient faites à l'aide du cadre de 35^{cm}; les antennes d'émission et de réception étaient toutes deux multiples, à quatre branches, et avaient 45^m de longueur.

Les émissions étaient enregistrées à l'aide du bolomètre W_1 et du galvanomètre Broca-Carpentier. On avait ainsi :

Capacités.	Déviations.
1	9
2	22
3	**36**
4	18
5	8
6	5

Il était intéressant de se rendre compte de la manière dont varie la valeur de l'énergie émise quand on emploie des cadres différents dans le circuit de décharge pour réaliser l'accord. Une comparaison a été faite en ce sens avec deux antennes multiples accordées au préalable l'une sur l'autre.

L'antenne d'émission a été excitée successivement par un cadre de 35^{cm} et un cadre de 70^{cm}. A wattage d'excitation constant, on a trouvé :

	Déviations.	
Capacités.	(Cadre de 70^{cm}).	(Cadre de 35^{cm}).
1.........	8,2	2
2........	28	16
3........	**58**	88
4........	3o	**102**
5........	20	28,5
6........	14	18

L'énergie émise va donc en décroissant lorsque la self-induction du circuit excitateur augmente à période constante.

On a donc intérêt, dans les transmissions indirectes, à réaliser l'accord avec une self aussi faible que possible et de grandes capacités.

Il semble que, dans la précédente expérience, on aurait dû trouver l'accord avec le cadre de 70^{cm} pour la valeur 2 de la capacité, puisque cet accord avait lieu pour la valeur 4 avec le cadre de 35^{cm}. La raison de cette différence est due aux connexions qui étaient exactement les mêmes dans les deux cas.

Si l'on prend soin, en effet, de doubler toutes les connexions employées avec le cadre de 35^{cm} quand on se sert du cadre de 70^{cm}, si l'on double en même temps le diamètre de tous les conducteurs du circuit de décharge, y compris le cadre, de manière à réaliser deux circuits géométriquement semblables, on trouve que le maximum obtenu avec le cadre de 70^{cm} a bien lieu pour $c = 2$.

Capacités.	Déviations.
1....................................	8,7
2....................................	**40**
3....................................	27,5
4....................................	16,5
5....................................	9

Les déviations se trouvent encore réduites, ce qui n'a
rien de surprenant si l'on considère que la self ajoutée au
circuit de décharge est absolument inefficace au point de
vue de l'émission.

Cette circonstance ne doit pas être perdue de vue dans
l'utilisation de tels dispositifs à la production d'émissions.
On sera conduit à constituer le circuit primaire de décharge
par plusieurs tours en parallèle ou par des rubans et à
réduire au minimum la longueur des connexions qui de-
vront être réalisées à l'aide de larges bandes métalliques.

C. — RÉCEPTIONS INDIRECTES.

Je désignerai par *dispositif de réception indirecte* le
dispositif qui consiste à agir sur le détecteur à l'aide d'un
résonateur excité par l'antenne réceptrice.

L'étude de pareils dispositifs présente un intérêt pratique considérable, car c'est dans leur emploi que l'on a
cherché à différentes reprises la solution du problème de
la *syntonie,* dans les applications de la télégraphie
sans fil.

L'étude n'en est pas moins importante au point de vue

Fig. 13.

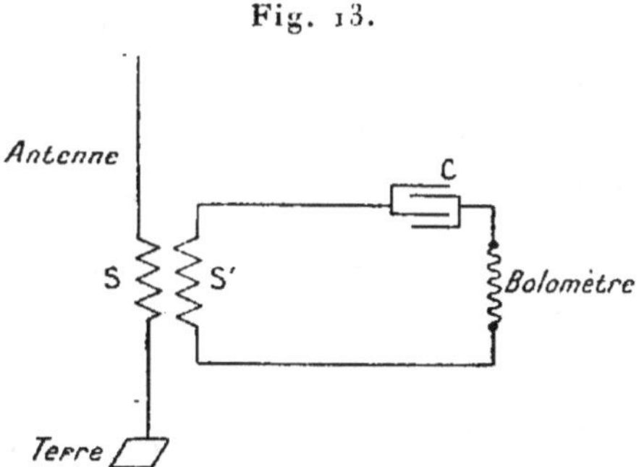

purement théorique, car nous verrons qu'ils permettent
d'obtenir avec une certaine précision la valeur de la période des vibrations excitées dans l'antenne réceptrice. Le

dispositif expérimental que nous avons utilisé était constitué de la manière suivante :

Le bolomètre est intercalé dans un résonateur fermé qui comprend une self s' et un condensateur C. L'antenne réceptrice excite ce résonateur par l'intermédiaire d'un primaire S, intercalé entre cette antenne et la terre, et composé d'un petit nombre de tours de fil. On s'est servi des résonateurs suivants :

Cadre carré de 35^{cm} de côté; 1 tour de fil de cuivre de $0^{cm},08$ de diamètre dans le circuit du bolomètre, 2 tours du même fil intercalés entre l'antenne et la terre, $L = 1680^{cm}$.

Résonateur circulaire de $43^{cm},5$ de diamètre; 1 tour de fil de $0^{cm},09$ de diamètre dans le circuit du bolomètre, 1 tour du même fil intercalé entre l'antenne et la terre, $L = 1713^{cm}$.

Résonateur circulaire de $73^{cm},25$ de diamètre, même fil que le précédent, $L = 3115^{cm}$.

Bobines de 20^{cm}, 10^{cm} ou 5^{cm} de diamètre portant 2 enroulements composés d'un nombre variable de spires.

Avec des capacités d'un ordre de grandeur convenable, et variable selon les dimensions du résonateur utilisé, tous ces dispositifs ont permis d'obtenir une résonance des plus nettes.

Ces capacités étaient réalisées, soit par les deux types de jarres mentionnés ci-dessus, c'est-à-dire :

	Capacité.
Jarre n° 1.................	400^{cm}
Jarre n° 2.................	1400^{cm}

soit par de petits condensateurs plans à lames de verre obtenus en collant sur chacune des faces d'une lame des feuilles d'étain et réunissant en surface un nombre variable d'éléments ainsi constitués.

Voici quelques expériences exécutées avec les bolomètres S_1 et W_3 intercalés dans le circuit de résonance entre des postes distants de 1500^m à 3000^m.

Antennes simples identiques de 52^m à l'émission et à la réception, émissions directes, résonateur de 35^{cm} à la réception :

Capacités ([1]).	Déviations.
1	5
2	18
3	25
4	**28**
5	22
6	20

On observe donc un maximum, mais il n'est pas très marqué, ce qui est dû principalement à la valeur relativement élevée de la résistance introduite par le bolomètre dans le circuit de résonance et à l'amortissement notable qui en résulte ainsi que nous le verrons plus loin.

Pour un même résonateur, la position du maximum change quand on modifie l'antenne de réception.

Ainsi, pour des antennes d'émission et de réception identiques, multiples à quatre branches, de 55^m de longueur, on obtient avec le résonateur circulaire de 73^{cm},25, bolomètre S_1 :

Capacités.	Déviations.
1	10
2	37
3	**44**
4	40
5	35
6	31
7	28
8	24

Si, conservant la même antenne d'émission, on prend

___

([1]) On a pris comme unité la capacité d'une jarre n° 2.

comme antenne de réception une antenne simple de même longueur, on trouve :

Capacités.	Déviations.
1	6
2	**18**
3	15
4	11
5	9,5
7	8

Le maximum se déplace aussi lorsqu'on modifie seulement l'antenne d'émission.

Voici, par exemple, deux expériences exécutées avec la même antenne de réception :

Antenne d'émission multiple à quatre branches de 55^m de longueur.

Antenne de réception multiple accordée préalablement (mais non identique), résonateur circulaire de $73^{cm},25$, bolomètre W_3.

Le maximum a lieu comme ci-dessus pour $C = 3$ jarres n° **2**, soit pour la valeur $C = 3$.

Ainsi, il ne change pas quand les antennes, étant différentes, sont accordées l'une sur l'autre.

On conserve la même antenne de réception, mais on prend comme antenne d'émission une antenne simple de 32^m. On trouve alors :

Capacités.	Déviations.
1	15
2	**35**
3	24
4	18
5	15,5
6	14

D'autre part, si l'on prend à l'émission et à la réception deux antennes identiques, simples, de 32^m de longueur, on obtient avec le même dispositif :

Capacités ([1]).	Déviations.
1 n° 1 (0,3)	6
2 n° 1 (0,6)	10
3 n° 1 (0,9)	11
4 n° 1 (1,2)	**13**
5 n° 1 (1,5)	11
2 n° 2 (2)	8
3 n° 2 (3)	6,5

On a donc, en résumé, les résultats suivants :

Antennes		
d'émission.	de réception.	Résonance.
Multiple de 55^m	Multiple de 55^m	$C = 3$
Multiple de 55	Simple de 55	$C = 2$
Simple de 32	Simple de 32	$C = 1,2$
Simple de 32	Multiple de 55	$C = 2$

Le maximum que l'on obtient quand les antennes sont inégales, c'est-à-dire quand elles présentent des périodes propres différentes, ne correspond en général ni à l'accord de l'antenne d'émission, ni à l'accord de l'antenne de réception.

Ce maximum est intermédiaire entre ceux que donnerait chacun des systèmes respectifs vibrant à sa période propre. Dans les conditions où nous avons opéré, *la modification de l'antenne de réception entraîne un déplacement du maximum plus grand que la modification de l'antenne d'émission.*

Il est possible de modifier les conditions d'émission ou de réception de manière à accentuer le phénomène dans un sens ou dans l'autre.

Les expériences précédentes ont été exécutées avec des *émissions directes,* c'est-à-dire, comme nous le verrons plus loin, avec une excitation notablement amortie. On

---

[1] En prenant comme unité la capacité d'une jarre n° 2.

peut réduire l'amortissement de l'excitation ; nous verrons que c'est ce qui a lieu quand on produit les émissions à l'aide d'un *système indirect* accordé. Si l'on accroît en même temps l'amortissement de l'antenne réceptrice, en intercalant dans cette antenne une résistance non inductive (ou simplement en prenant, comme antenne réceptrice, un fil de fer) ; on trouve alors que le maximum se déplace à peine quand on modifie l'antenne réceptrice, tandis qu'il suit les variations de l'antenne d'émission.

Ce maximum est d'ailleurs, en général, d'autant moins marqué que les périodes propres des antennes en présence diffèrent davantage.

Ainsi, étant données deux antennes d'émission et de réception quelconques, il est toujours possible d'obtenir, avec un résonateur excité par l'antenne réceptrice, un maximum d'effet utile ; mais la résonance demeure très imparfaite lorsque les systèmes d'antennes ne se trouvent pas eux-mêmes en résonance et demeure certainement illusoire en pratique.

Les dispositifs de réception indirecte que nous venons de décrire sont susceptibles de fournir (moyennant certaines précautions) la valeur de la période des vibrations dans l'antenne réceptrice.

Nous reviendrons plus loin sur ce sujet. Nous nous bornerons pour l'instant à noter que les précédentes expériences permettent d'inférer que la vibration de l'antenne réceptrice excitée par une antenne d'émission de période différente est la superposition de deux états vibratoires :

1° Une vibration forcée qui a la période de l'émission ;

2° Une vibration libre qui a la période propre de l'antenne de réception.

Et l'on retrouve les hypothèses qui ont servi de bases à la théorie de Bjerknes.

Au cours de ces expériences s'est présentée une circonstance qui nous avait d'abord paru singulière.

Nous cherchions à obtenir la résonance sur une antenne réceptrice multiple identique à l'antenne d'émission de 55^m, à l'aide du résonateur de 35^{cm}, et en intercalant dans le résonateur le bolomètre W_2.

Or, on obtenait le résultat suivant :

Capacités.	Déviations.
0,1	4
0,2	20
0,5	36
1	46
2	57
3	62
4	65
8	70
1 microfarad, c'est-à-dire 650	72

Ce résultat, qui nous avait surpris, est facile à expliquer.

Le dispositif utilisé ne peut satisfaire aux conditions de résonance parce que la résistance du résonateur est trop considérable.

Sans faire un calcul rigoureux qui n'aurait aucun intérêt en l'espèce, on peut considérer la résistance du résonateur comme sensiblement égale à celle du bolomètre W_2, c'est-à-dire à 80^ω environ.

Ce bolomètre, qui est constitué par un fil très fin de 5^{cm} de longueur, n'introduit dans le résonateur qu'une self-induction négligeable. La self du cadre de 35^{cm} pour des courants superficiels est $L = 1680^{cm}$, soit $L = 1,7 . 10^3$ centimètres.

Comme la valeur de la capacité qui correspond à la résonance est voisine de $C = 4$, soit $C = 5600^{cm}$, on a donc :

$$L = 1,7 . 10^{-6} \text{ henrys,}$$
$$C = 6,2 . 10^{-9} \text{ farads,}$$

et

$$\frac{4L}{C} = 1100.$$

64 C. TISSOT.

Or

$$R^2 = 80^2 = 6400$$

et se trouve être bien supérieur au rapport $\dfrac{4\,L}{C}$.

Au contraire, si l'on emploie le bolomètre S_1 qui a 17^ω, ou le bolomètre W_3 qui a 15^ω de résistance, on satisfait aux conditions voulues pour que la résonance puisse se produire.

Il est clair d'ailleurs que l'on s'écarte d'autant plus du cas limite que l'on prend un résonateur de plus grande dimension. C'est pourquoi nous avons adopté de préférence le résonateur circulaire de $73^{cm},25$ de diamètre.

Supposons que l'on adopte, pour la réalisation du même accord, des résonateurs circulaires de différents diamètres. On doit avoir $2\pi\sqrt{LC} = $ constante; c'est-à-dire par exemple $C = A^2$.

La condition $R^2 < \dfrac{4\,L}{C}$ peut s'écrire

$$\frac{L}{R} > \frac{A}{2}.$$

Or

$$L = 4\pi a \left(\mathcal{L}\,\frac{8a}{\rho} - 2 \right),$$

$$R = K\,\frac{2\pi a}{\rho^2}.$$

Si l'on désigne par a le diamètre du résonateur et par ρ le diamètre du fil,

$$\frac{L}{R} \quad \text{est proportionnel à} \quad 2\rho^2 \left(\mathcal{L}\,\frac{8a}{\rho} - 2 \right)$$

et varie dans le même sens que le diamètre du résonateur et que le diamètre du fil.

Ces considérations expliquent les résultats, en apparence paradoxaux, que l'on obtient quand on emploie des résonateurs de faible diamètre enroulés sous forme de bobine, tels par exemple les divers dispositifs que M. Marconi a fait connaître sous le nom de *jiggers*.

Avec une bobine de 15^{cm} de diamètre constituée par 10 tours de fil de cuivre de 0^{cm},08 de diamètre, excitée par l'antenne réceptrice normale (antenne d'émission accordée), on a

Capacités.	Déviations.
0,2	6
0,5	16
1	**24**
2	21
3	18
4	16,5

C'est-à-dire un maximum net pour $C = 1$.

Mais avec une bobine de 5^{cm} de diamètre comprenant 20 tours de fil de 0^{cm},006 de diamètre ($\frac{6}{100}$ de millimètre) on retombe dans le cas signalé précédemment, et il n'y a plus de maximum, mais des déviations toujours croissantes avec la capacité.

Une bobine de même diamètre (5^{cm}) comprenant 80 tours de fil au secondaire (circuit du bolomètre) et excitée par un enroulement primaire de 20 spires, superposé au secondaire et intercalé dans l'antenne, donne un résultat tout différent. Les déviations, insensibles pour une valeur notable de la capacité, vont en croissant quand la capacité diminue jusqu'à devenir nulle.

Si, conservant le même primaire d'excitation et une capacité constante sur le secondaire, on fait varier le nombres de spires du secondaire, on obtient un maximum très net pour une valeur convenable du nombre des spires.

Dans les mêmes conditions d'excitation que les précédentes, une bobine de 5^{cm} de diamètre portant un primaire de 20 spires et un secondaire variable donne, avec

T. 5

une capacité $C = 0,1$:

Nombre de spires.	Déviations.
40	20
60	96
80	**106**
100	72
120	28

Ainsi, il peut se produire le phénomène suivant, c'est que, pour un nombre de spires donné, le maximum ait lieu pour une valeur ou nulle, ou infinie de la capacité et que, pour une capacité donnée, on trouve un maximum pour un nombre de spires déterminé.

Nous n'avons pas tenu compte d'une circonstance qui modifie parfois complètement les conditions de résonance de pareils systèmes.

Ces bobines à deux enroulements superposés et séparés l'un de l'autre par une couche mince d'isolant présentent une capacité propre qui est loin d'être négligeable.

Nous avons trouvé, par exemple, par mesure directe, que la bobine de 80 tours avait une capacité voisine de celle d'une jarre n° **2**, soit 1400^{cm}.

Quand on fait varier le nombre des spires on modifie simultanément la self-induction et la capacité du système. Le dispositif est donc très complexe et ne saurait être utilisé avec fruit à des recherches expérimentales. Aussi, sans méconnaître les services qu'il est susceptible de rendre dans les applications à la télégraphie sans fil, l'avons-nous complètement laissé de côté dans nos recherches sur la résonance et avons-nous adopté les résonateurs carrés ou circulaires à un seul tour de fil dont il a été question ci-dessus.

Nous avons dit que la résonance n'était pas très accentuée à cause de la résistance du bolomètre intercalé dans le circuit de résonance qui donne à l'amortissement une valeur élevée. L'expérience suivante justifie cet assertion.

Si, au lieu d'intercaler le bolomètre directement dans le résonateur même, on le dispose dans un circuit fermé

Fig. 14.

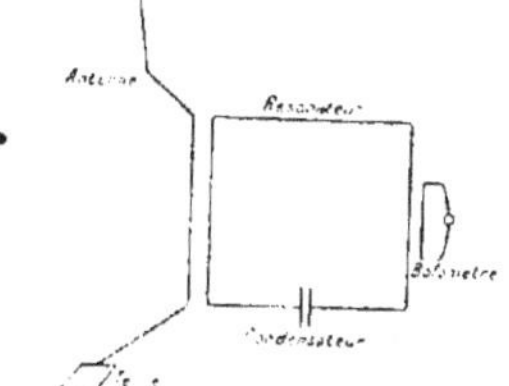

très court excité à faible distance par le résonateur, la résonance devient extrêmement marquée.

On a disposé un résonateur carré de 70^{cm} de côté constitué par un tour de fil de cuivre de $0^{cm},125$ de diamètre. Des condensateurs de capacités variables sont intercalés dans ce résonateur qui est excité par une portion rectiligne de l'antenne réceptrice disposée parallèlement à l'un des côtés du cadre.

Cette antenne réceptrice était l'antenne multiple normale de 60^m et recevait les émissions d'une antenne multiple préalablement accordée (distance des postes, 1700^m; *Henri-IV*). On avait alors :

Capacités (en centimètres).	Déviations.
$2,9 \cdot 10^3$	0
$3,4 \cdot 10^3$	1
$3,75 \cdot 10^3$	6
$4,2 \cdot 10^3$	41
$4,3 \cdot 10^3$	53
$4,7 \cdot 10^3$	**100**
$5 \cdot 10^3$	55
$5,5 \cdot 10^3$	29
$5,8 \cdot 10^3$	8
$6,3 \cdot 10^3$	1

Un pareil dispositif se prête admirablement à la réali-sation de la *syntonie* à condition de l'associer à un détec-teur approprié, le bolomètre, par exemple.

Il se prête aussi très bien à la détermination précise des périodes, et c'est ainsi que nous l'avons utilisé.

D. — ÉMISSIONS INDIRECTES. RÉCEPTIONS INDIRECTES.

Nous n'avons exécuté qu'un nombre restreint d'expé-riences relatives aux émissions et réceptions indirectes.

Les caractères généraux demeurent les mêmes que dans le cas précédent (*c*).

Quand on intercale directement le bolomètre dans le circuit de résonance à la réception, comme l'amortisse-ment devient considérable à cause de la résistance de l'appareil, la résonance n'est guère plus marquée que dans la réception directe.

Il en est autrement quand on dispose le bolomètre dans un circuit auxiliaire excité par le résonateur fermé de faible résistance accordé sur l'émission. On obtient alors une résonance tout à fait remarquable plus accentuée encore en général que dans le cas précédent (*c*).

Voici, par exemple, le résultat d'une expérience exé-cutée avec le *Formidable* à la distance de 1800ᵐ. Les antennes multiples des postes avaient été au préalable accordées l'une sur l'autre. L'antenne d'émission (*Formi-dable*) était excitée par le cadre de 35ᶜᵐ et 4 jarres (c'est-à-dire à l'accord).

L'antenne de réception agissait par induction sur un résonateur de 70ᶜᵐ disposé comme dans l'expérience faite avec le *Henri-IV* et décrite ci-dessus (*c*), le bolomètre étant placé dans un circuit auxiliaire.

En faisant varier la capacité en circuit dans le résona-teur (capacité constituée par de petits condensateurs à lames de verre), on a obtenu :

Capacités.	Déviations.
6	1
8	2
10	18
12	**120**
14	34
16	13
18	6
20	4

On aurait ainsi, mieux encore qu'avec le dispositif précédent (*c*), la *solution du problème de la syntonie* s'il était possible de se servir du bolomètre comme détecteur d'ondes.

Bien que le courant mis en jeu dans le galvanomètre soit capable d'actionner un *siphon recorder* quand les émissions sont produites à distance modérée, les appareils sont trop délicats pour qu'on puisse en envisager l'application pratique à la télégraphie sans fil.

Mesure de la période des antennes.

1. — PHOTOGRAPHIE DE L'ÉTINCELLE D'ÉMISSION.

Avant de recourir à l'emploi du bolomètre, nous avions pu obtenir des valeurs approchées de la période des ondes émises en utilisant le procédé de Feddersen ([1]).

Le principe de la méthode consiste à photographier l'étincelle de l'oscillateur en la dissociant à l'aide d'un miroir animé d'un mouvement de rotation rapide.

Feddersen opérait avec des vitesses de 100 tours seulement par seconde, et à une époque où les émulsions sensibles au gélatinobromure étaient inconnues. Aussi, s'il a pu montrer le caractère oscillatoire de la décharge, ses expériences ne portaient-elles que sur des périodes de

---

([1]) *Sur la période des antennes utilisées en télégraphie sans fil* (*Comptes rendus*, mars 1901).

l'ordre de 10^{-4} seconde. Les épreuves qu'il a obtenues présentent certains caractères que nous n'avons pas retrouvés, et il suffit, en tout cas, d'y jeter un coup d'œil pour se rendre compte qu'il serait impossible d'en tirer parti pour obtenir une évaluation un peu précise de la période.

Le procédé a été repris par différents observateurs et notamment par M. Décombes qui l'a utilisé dans ses recherches sur la résonance multiple.

Nous nous sommes inspiré des travaux de M. Décombes, et croyons avoir rendu la méthode assez pratique et d'emploi assez sûr pour permettre d'en faire usage en vue de la détermination de périodes de l'ordre de 10^{-6} à 10^{-7} seconde (ce sont les périodes utilisées en télégraphie sans fil).

L'appareil qui nous a servi a été exécuté avec une grande habileté par M. Doignon (ateliers Froment-Dumoulin). C'est un appareil à train d'engrenages, assez robuste pour permettre de maintenir la constance de la vitesse (400 à 500 tours par seconde) pendant la durée des mesures. Le miroir, qui a $2^{cm},6$ de diamètre, est mobile autour d'un axe horizontal. Il est monté sur le dernier mobile du train d'engrenages qui donne exactement une multiplication de 20.

Le mouvement est transmis au premier mobile par courroie à l'aide d'un petit moteur électrique (*fig.* 16).

L'évaluation de la vitesse par la mesure du nombre des vibrations du *son d'axe* ne nous a pas paru présenter une garantie suffisante d'exactitude.

Ce son d'axe se trouve d'ailleurs en partie masqué dans notre appareil par le bruit du train d'engrenages.

Le premier mobile du train d'engrenages entraîne à l'aide d'un flexible un commutateur tournant qui décharge n fois par seconde un condensateur étalon dans un galvanomètre différentiel que l'on maintient au zéro à l'aide d'un courant permanent d'intensité connue. Ce dispositif, qui a été indiqué par M. Lippmann, a été utilisé depuis par divers expérimentateurs.

Pour la commodité de l'observation, le procédé est utilisé dans le cours d'une série d'observations, par méthode de *déviation* et non de réduction à zéro.

L'étalonnage préalable exact a été opéré au galvanomètre différentiel et contrôlé par méthode stroboscopique, observation à l'aide d'un électro-diapason muni d'une fente, de rais équidistants tracés sur un disque entraîné par l'axe du miroir.

La lecture de la déviation galvanométrique fournit immédiatement la valeur de la vitesse au moment même de l'expérience et permet de contrôler à tout instant la constance de cette vitesse.

Nous avons fait de nombreuses applications de la méthode du miroir tournant au début de nos recherches, c'est-à-dire avant d'avoir fait usage du bolomètre. Nous nous en sommes servi ultérieurement pour les déterminations des périodes des systèmes mis en résonance à l'aide du bolomètre. Ce sont ces dernières mesures qui se rattachent plus particulièrement au présent travail. Nous rappellerons néanmoins d'une manière succincte les premières expériences que nous avons exécutées au poste de télégraphie sans fil de Ouessant-Stiff, car ce sont elles qui nous ont guidé dans les recherches ultérieures.

2. — Expériences d'Ouessant.

Nous avons utilisé le poste de télégraphie sans fil que nous avions établi à la pointe du Stiff (¹).

Nous disposions de deux cabanes A et B distantes de 25ᵐ

(¹) Ce poste, qui appartenait à la Marine, avait été installé en 1900 et a fonctionné en service courant depuis cette époque. Un décret récent l'a rattaché à l'Administration des Télégraphes. Les expériences ont été effectuées en août 1901.

environ et situées de part et d'autre du mât support d'antenne.

Le dispositif de transmission était installé dans la cabane B. Un oscillateur horizontal, à boules platinées, était placé devant une fenêtre FF', en E, au foyer d'une lentille collimatrice LL' de 8^m de distance focale.

Le faisceau lumineux parallèle pénétrait par une ouverture de 20^{cm} de côté pratiquée dans la cabane A, passait

Fig. 15.

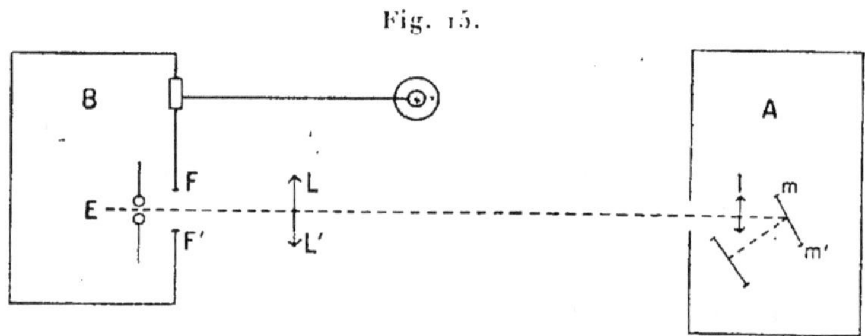

par une lentille plan-cylindrique de 0,25 dioptrie, et était reçu par le miroir de l'appareil à rotation qui le renvoyait sur la plaque sensible.

Le premier mobile entraînait, à l'aide d'un flexible, un commutateur tournant qui déchargeait n fois par seconde dans un galvanomètre à cadre mobile convenablement shunté un condensateur étalon de 2 microfarads.

En désignant par R la valeur de la résistance, exprimée en mégohms, qui, intercalée dans le circuit du galvanomètre, donne, avec la même force électromotrice, la même déviation que les décharges du condensateur, on a

$$n = \frac{1}{2R}.$$

Les observations se faisaient la nuit. La cabane A était éclairée, ainsi que le spot du galvanomètre, à la lumière rouge.

Pour faire l'expérience, on agissait sur le rhéostat de

commande du moteur de manière à obtenir la vitesse voulue (généralement comprise entre 400 et 500 tours à la seconde).

Lorsque la vitesse demeurait constante, c'est-à-dire lorsque le spot restait bien fixe, on donnait le signal convenu pour faire les émissions et l'on découvrait la plaque pendant environ une minute.

La lecture de la déviation galvanométrique, qui fournissait la valeur de la vitesse, était inscrite immédiatement sur l'épreuve correspondante en même temps qu'un numéro d'ordre.

Fig. 16.

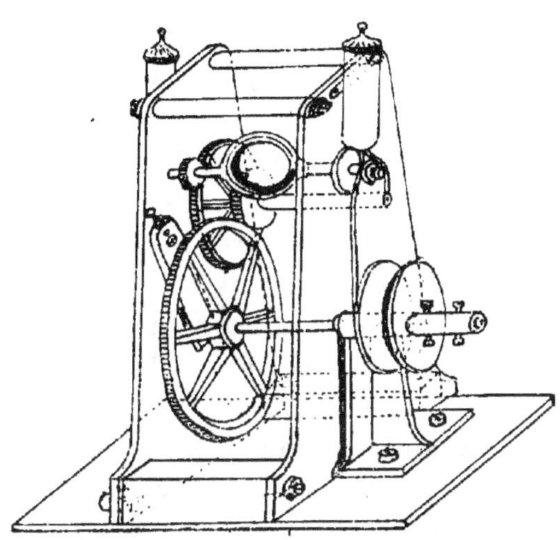

Chaque étincelle apparaît sous la forme d'une traînée estompée plus ou moins longue qui va en diminuant de largeur en même temps que d'intensité.

Cette bande est coupée transversalement de traits ou franges parallèles qui constituent les images successives de la décharge et en indiquent le caractère oscillatoire.

La mesure de la distance de deux franges voisines permet d'obtenir la valeur de la période. L'amortissement se traduit par la décroissance plus ou moins rapide de l'intensité des franges et par la longueur plus ou moins réduite de la traînée.

Le nombre des franges visibles sur les plaques ne dépasse guère 8 à 10. Cependant, sur certaines épreuves obtenues dans des circonstances particulièrement favorables pour réduire l'amortissement, on a pu en distinguer 15 à 18.

Ces épreuves sont assez nettes pour que l'on puisse les projeter agrandies sur un écran.

Pour mesurer les intervalles, on s'était d'abord contenté d'examiner les images à l'aide d'un micromètre oculaire divisé en dixièmes de millimètre.

Ce premier examen nous avait amené à considérer les franges comme sensiblement équidistantes.

Pour obtenir plus de précision, nous avons employé ultérieurement le procédé suivant. Le cliché est disposé sur la platine d'un microscope et est examiné à l'aide d'un oculaire peu grossissant muni d'un réticule à chariot micrométrique.

Le réticule se déplace parallèlement à lui-même sous l'action de la vis micrométrique dont le pas est de $\frac{1}{2}$ millimètre.

La tête de la vis porte un tambour divisé en 100 parties. On mesure ainsi aisément les déplacements du réticule à $\frac{1}{200}$ de millimètre.

Cet examen précis a montré que les franges successives ne sont pas rigoureusement équidistantes.

Le premier intervalle est toujours *un peu plus considérable* que les autres. Les suivants vont en décroissant légèrement, mais ne présentent entre eux que des différences assez faibles. On ne saurait toutefois attribuer ces différences à des erreurs accidentelles, imperfection des pointés ou variation de vitesse du miroir, car la même tendance se manifeste sur toutes les épreuves.

Le premier intervalle dépend manifestement de la distance explosive et augmente avec elle.

Les distances des maxima suivants tendent rapidement vers une limite qui est indépendante de la distance explosive et paraît caractéristique de la période du système. Les exemples suivants donnent une idée de l'ordre de grandeur du phénomène ([1]).

Ils se rapportent à des émissions indirectes et à des valeurs différentes de la capacité disposée sur le circuit de décharge.

Nombre de tours du miroir..	430	405	435	410
Capacité en unités électro-statiques.................	480	480	900	900
Distance explosive en centimètres..................	1^{cm}	1^{cm},6	0^{cm},8	1^{cm},5
Grandeur des intervalles en centièmes de millimètre. — 1er........	59,3	59,0	67,5	65,5
2e........	55,5	53,2	65,4	62,5
3e........	54,4	51,4	64,8	61,6
4e........	54,0	50,7	64,2	60,8
5e........	53,8	50,4	63,6	60,5
6e........	53,6	49,8	»	59,8
Intervalle moyen (le premier excepté)...............	54,3	51,08	64,3	61,0
Rapport du premier intervalle à la moyenne des autres...	1,08	1,16	1,05	1,11
Période T en 10^{-6} seconde..	0,57	0,56	0,68	0,68

Les épreuves que nous avons obtenues dans les expériences ultérieures dont nous parlons plus loin présentent les mêmes caractères.

Les exemples cités montrent quel est le sens du phénomène.

L'effet observé croît avec la distance explosive et paraît d'autant plus marqué que la capacité du système est plus faible. C'est ce qui explique qu'en opérant avec des capa-

---

[1] *Comptes rendus,* décembre 1901, p. 929.

cités notables et de faibles distances explosives, on trouve des intervalles très sensiblement équidistants.

Le soufflage de l'étincelle, qui produit par ailleurs des effets particuliers, exagère en général le phénomène.

Le résultat obtenu s'interprète aisément en supposant que l'étincelle subit des variations de résistance pendant la décharge, et s'accorde avec la théorie qui a été présentée par M. Swingedauw ([1]) et avec les expériences que ce physicien a exécutées ultérieurement ([2]).

La résistance subirait une variation notable de la première étincelle à la seconde, puis prendrait une valeur sensiblement constante.

On peut rapprocher de cette observation le fait que M. Hemsalech a mis en lumière au sujet de la constitution de l'étincelle ([3]). C'est qu'il existe une différence capitale entre la première étincelle d'une décharge oscillante et les suivantes. Dans la première apparaissent uniquement les raies de l'air, tandis que les raies du métal apparaissent dans les autres.

Nous avons éliminé le premier intervalle dans le calcul des périodes toutes les fois qu'il nous a été possible de le faire, c'est-à-dire tous les fois que la décharge était suffisamment peu amortie.

On obtient alors des nombres absolument concordants. Mais, étant données les erreurs possibles d'observation, on voit que, même en en tenant compte dans le calcul de la moyenne, on doit obtenir une évaluation suffisamment approchée de la période.

Il est facile de passer de la valeur des intervalles à celle de la période.

Pour l'une des épreuves ci-dessus (4e), le miroir faisait 410 tours par seconde. Le faisceau réfléchi tourne

---

([1]) *Comptes rendus*, mars 1897, p. 556.
([2]) Swingedauw, *Bulletin de la Société de Physique*, 1902, p. 94.
([3]) Hemsalech, *Thèse de doctorat*. Paris, 1901.

avec une vitesse double, et décrit pendant un tour, c'est-à-dire pendant une durée de $\frac{1^s}{820}$, une circonférence de $2\pi.35,5 = 222^{cm},3$ de longueur, la glace dépolie se trouvant à $35^{cm},5$ du miroir.

L'intervalle de $0^{mm},62$ est décrit en

$$\frac{0,62}{820.2225} = 0,34.10^{-6} \text{ seconde.}$$

Cette valeur est celle de la demi-période.

On doit remarquer, en effet, que, dans la décharge oscillante, les signes des charges des boules de l'éclateur s'intervertissent à tour de rôle. Ce changement de sens peut être constaté sur les épreuves.

Lorsqu'on opère sans lentille cylindrique ou, mieux encore, lorsqu'en faisant tourner la lentille cylindrique de $90°$, on donne à l'image de l'étincelle l'aspect d'un point élargi, mais très brillant, on obtient nettement sur l'épreuve des points alternés dans la traînée estompée de l'image.

C'est sous cet aspect général que Feddersen avait obtenu les photographies d'étincelles qu'il a décrites.

Les pointés sont très incertains et la mesure des intervalles est fort difficile.

Elle devient, au contraire, très aisée avec l'emploi de la lentille cylindrique qui donne une ligne focale déliée.

Les images successives de l'étincelle ne sont plus des points alternés, mais des franges transversales qui occupent toute la largeur de la bande.

La période, c'est-à-dire la durée de l'oscillation complète du courant de décharge, doit correspondre au temps qui sépare deux étincelles consécutives de même sens, c'est-à-dire à la valeur de deux intervalles sur nos épreuves.

La période calculée ci-dessus est donc :

$$T = 2.0,34.10^{-6} \text{ seconde} = 0,68.10^{-6} \text{ seconde.}$$

3. — Résultats obtenus.

Parmi les observations enregistrées au cours de ces expériences nous signalerons seulement celles qui ont trait au présent travail.

1° Les émissions directes donnent des étincelles toujours très peu étalées et très difficiles à dissocier. En prenant de grandes précautions dans la mise au point de l'image et en rendant la ligne focale très fine, on parvient néanmoins à obtenir quelques franges, 3 ou 4 au plus.

Le phénomène présente donc bien le caractère oscillatoire.

Bien que l'évaluation de la période soit très incertaine à cause du petit nombre des franges et de leur manque de vigueur, on peut néanmoins considérer comme très probable qu'une antenne simple de 30^m donne une période comprise entre $0,3$ et $0,4.10^{-6}$ seconde, et qu'une antenne de 60^m donne une période comprise entre $0,7$ et $0,8.10^{-6}$ seconde.

Les ondes émises sont donc des ondes longues, et l'on doit considérer comme oscillateur le système constitué par l'antenne, l'éclateur et la terre.

2° *Le nombre très restreint des franges fixées indique que l'amortissement est considérable.*

Cet amortissement augmente encore lorsqu'on donne à l'antenne une surface notable, en la constituant, par exemple, par une bande de toile métallique. Les franges disparaissent à peu près totalement, et l'image se réduit à un trait lumineux unique suivi d'une très courte traînée.

3° *L'amortissement des émissions indirectes est toujours beaucoup plus faible que l'amortissement des émissions directes.*

Pour un circuit de décharge donné [1] l'amortissement

---

[1] En émissions indirectes.

varie avec la forme et la longueur de l'antenne, mais la période demeure sensiblement constante. Le nombre des étincelles fixées pour l'un des circuits employés était de 15 à 18 quand on supprimait la connexion du secondaire avec l'antenne.

Il passait à 10 à 12 pour une antenne simple de 40^m et à 8 environ pour une antenne multiple de même longueur (paraissant donner le maximum de portée avec le montage adopté).

4° A l'époque de ces expériences nous ne possédions que le cohéreur pour juger de la valeur des transmissions à distance. Nous avions alors constaté que, bien que les transmissions puissent être assurées quand on fait varier la période des ondes émises (par système indirect), de $0,11$ à $1,8.10^{-6}$ seconde, il y a néanmoins un montage plus favorable que les autres. Ce montage correspondait avec des antennes simples de 40^m à l'émission et à la réception à une période du circuit de décharge égale à $T = 0,56.10^{-6}$ seconde, c'est-à-dire à une longueur d'onde de 168^m, sensiblement égale à quatre fois la longueur de l'antenne.

5° Les expériences établissaient de plus un fait sur lequel nous reviendrons, c'est que les portées de transmission sont d'autant plus grandes que la valeur de l'amortissement est plus considérable (^{1}).

4. — EXPÉRIENCES ULTÉRIEURES.

Nous avons repris la méthode de photographie des étincelles en 1903 et 1904, au cours des recherches de résonance entreprises à l'aide du bolomètre.

L'objet que nous nous proposions était d'obtenir la détermination de la période des antennes de différentes

---

(^{1}) En système indirect.

formes par la mesure de celle d'un résonateur fermé préalablement accordé sur l'antenne.

On opère de la manière suivante : on dispose deux antennes d'émission et de réception A et B identiques, ou préalablement accordées l'une sur l'autre au bolomètre selon le mode opératoire décrit au paragraphe A ; l'antenne d'émission A est excitée à l'aide d'un circuit de décharge D comprenant une self et un condensateur de capacité variable.

Le bolomètre est accordé directement sur l'antenne réceptrice. On fait varier progressivement la capacité du condensateur du circuit d'excitation et l'on observe les déviations du bolomètre, qui passent par un maximum pour une certaine valeur C_1 de la capacité. Les systèmes A, B et D se trouvent alors en résonance, et la photographie de l'étincelle du système D monté avec la capacité C_1 fournit vraisemblablement la période des systèmes A et B.

Le dispositif expérimental employé pour obtenir les épreuves d'étincelles était, en principe, le même que celui qui a été décrit ci-dessus.

Les appareils se trouvaient dans un même local relativement étroit ; on avait supprimé la lentille collimatrice et disposé l'éclateur dans une boîte d'ébonite munie d'une fente juste suffisante pour permettre au faisceau d'éclairer le miroir. On évitait ainsi le voile susceptible d'être donné à la plaque par la lumière diffusée par les parois de la pièce au moment de la production des étincelles.

Le miroir avait été remplacé par un miroir de même surface que le premier, mais de distance focale plus faible, 18^{cm} au lieu de 35^{cm}, afin d'accroître, dans la mesure du possible, l'éclairement de l'image.

Les décharges observées correspondent à des valeurs de la capacité (2500^{cm} à 5000^{cm}) notablement plus fortes que celles qui avaient été employées dans les précédentes expériences.

Les épreuves présentent néanmoins le même caractère que celles que nous avons décrites. Le premier intervalle est toujours plus grand que les autres. Mais il devient à peu près impossible de constater une différence entre les intervalles suivants que l'on doit considérer comme exactement équidistants.

Le rapport de la longueur du premier intervalle à la moyenne des autres varie, selon les épreuves, de $1,10$ à $1,05$.

Nous avons éliminé le premier intervalle dans la mesure des périodes et adopté comme valeur de la distance des maxima la moyenne des autres intervalles. Il y en a généralement 7 à 8 de mesurables.

C'est ainsi qu'ont été obtenus les résultats suivants :

On avait pour toutes les expériences :

Distance de la plaque sensible au miroir........ 185^{mm}
Rayon de la circonférence décrite par le faisceau. 1162^{mm}

1° *Antenne de réception multiple normale.*

Antenne d'émission de 52^m multiple accordée.
Excitation par cadre carré de 35^{cm}.
Capacité d'accord (au bolomètre, à distance), $C_1 = 4$ jarres n° 2.
Soit $C_1 = 4$ (environ 5600^{cm}).

Distance des maxima.	Nombre de tours.	$\frac{T}{2}$ en 10^{-6} s.
mm		
$0,44$	400	$0,47$
$0,50$	470	$0,45$
$0,53$	492	$0,46$
$0,49$	450	$0,46$

2° *Même système d'antennes.*

Excitation par cadre de 70^{cm}.
Capacité d'accord (au bolomètre, à distance), $C_1 = 3$ jarres, n° 2.
Soit $C_1 = 3$ (environ 4200^{cm}).

T.

Distance des maxima.	Nombre de tours.	$\frac{T}{2}$ en 10^{-6} s.
mm		
0,45	421	0,46
0,54	490	0,47
0,48	431	0,47
0,525	482	0,46

3° *Antennes de 60^m simples à l'émission et à la réception.*

Excitation par cadre de 35^{cm}.

Capacité d'accord (au bolomètre, à distance):

$C_1 = 3$ jarres n° 2 + 2 jarres n° 1 = 3,6 (environ 5000^{cm}).

Distance des maxima.	Nombre de tours.	$\frac{T}{2}$ en 10^{-6} s.
mm		
0,43	450	0,41
0,40	416	0,41

4° *Antennes de 40^m simples à l'émission et à la réception.*

Excitation par cadre de 35^{cm}.

Capacité d'accord (au bolomètre, à distance):

$C_1 = 1,9 = 1$ n° 2 + 3 n° 1.

Distance des maxima.	Nombre de tours.	$\frac{T}{2}$ en 10^{-6} s.
mm		
0,30	460	0,28
0,32	471	0,29
0,33	520	0,27
0,30	»	0,30

5° *Antennes de 40^m multiples à l'émission et à la réception.*

Excitation par cadre de 35^{cm}.

Capacité d'accord (au bolomètre, à distance), $C_1 = 3$ jarres n° 2, soit $C_1 = 3$.

Distance des maxima.	Nombre de tours.	$\frac{T}{2}$ en 10^{-6} s.
mm		
0,41	474	0,37
0,38	440	0,35
0,35	404	0,36

On trouve, en somme, pour les périodes les valeurs suivantes :

Antennes.	Demi-période $\dfrac{T}{2}$.	Période T en 10^{-6} s.	Longueur d'onde en mètres.
Antenne de $59^m,50$ multiple à 4 branches............	0,46	0,92	276^m
Antenne de 60^m simple.......	0,41	0,82	246
Antenne de 40^m multiple à 4 branches............	0,36	0,72	216
Antenne de 40^m simple......	0,285	0,57	171

Ces valeurs ne peuvent être que des valeurs approximatives, étant données les nombreuses causes d'erreurs susceptibles de s'être introduites dans les mesures.

On peut se rendre compte de la limite supérieure de l'erreur commise en supposant les mesures correctes.

Dans la première opération de mise en résonance opérée à l'aide du bolomètre, comme on a fait varier la capacité par jarres n° 1, soit par 400 unités, on a pu commettre sur la capacité d'accord une erreur inférieure à 0,1 de sa valeur. Ce qui entraîne une erreur inférieure à $\frac{1}{100}$ sur la période de l'excitateur fermé réalisé.

Pour la détermination de l'intervalle des étincelles, on a eu à mesurer :

La distance de la plaque au miroir, qui est connue à $0^{mm},5$ près ;

La distance des intervalles, que l'on peut évaluer à $0^{mm},01$ près ;

Le nombre des tours du miroir, que l'on peut estimer connu à une demi-division du galvanomètre-tachymètre, c'est-à-dire à 2 tours près.

En somme, si l'on se reporte à l'expression qui fournit la période, on voit que l'évaluation de ces grandeurs peut entraîner une nouvelle erreur de $\frac{1}{100}$ dans la valeur de la période. On ne connaît donc les périodes qu'à $\frac{2}{100}$ près, et, par suite, les longueurs d'ondes mesurées, qui sont de l'ordre de 200^m à 300^m, qu'à 5^m ou 6^m près au plus.

On est néanmoins en mesure de conclure :

1° *Que la longueur d'onde d'une antenne simple est voisine de quatre fois la longueur de l'antenne et vraisemblablement un peu supérieure à cette valeur;*

2° *Que la longueur d'onde d'une antenne multiple est notablement plus grande que la longueur d'onde d'une antenne simple de même longueur.*

5. — Méthode du résonateur accordé.

Le procédé du miroir tournant ne permet pas d'obtenir avec précision la valeur des périodes.

Dans l'émission directe, la valeur élevée de l'amortissement rend les déterminations des intervalles très incertaines.

La méthode qui consiste à observer les oscillations d'un excitateur fermé, accordé sur un système d'antennes mis en résonance préalable, est susceptible de fournir des indications plus précises. Mais le nombre des expériences successives, assez délicates, que cette méthode suppose enlève beaucoup de rigueur aux déterminations. Au surplus, nous avons noté que le degré de précision capable d'être obtenu dans les conditions optima est nécessairement assez faible.

Le fait constaté de la différence entre le premier intervalle et les autres est de nature à inspirer de nouveaux doutes sur l'exactitude des déterminations.

S'il est logique de considérer la période moyenne des étincelles comme étant celle des oscillations dont le bolomètre indique la sommation, il n'est pas certain qu'il soit correct d'éliminer arbitrairement le premier intervalle.

Le procédé général dont il a déjà été fait usage, dans les expériences décrites au paragraphe C, permet d'atteindre une précision beaucoup plus grande, et son emploi n'est pas limité, comme celui qui est basé sur l'observation des étincelles, à la détermination des périodes à l'émission.

Il consiste, en principe, à exciter un résonateur fermé et à faire varier les constantes de ce résonateur de manière à le mettre en résonance avec le système étudié.

Le résonateur se compose d'un cadre rectangulaire ou circulaire de dimensions exactement connues comprenant un seul tour de fil, et d'une capacité variable constituée par des condensateurs à *lames d'air*.

La self-induction du cadre s'obtient par le calcul (comme dans les expériences classiques de M. Blondlot). Quant à la capacité, on la mesure aisément en valeur absolue en fonction d'une résistance et d'un temps à l'aide du dispositif du commutateur tournant.

Pour faire des mesures de périodes à l'émission, il suffit d'exciter directement le résonateur par l'antenne d'émission à faible distance. On intercale dans le résonateur un ampèremètre thermique convenable, ou l'on intercale un bolomètre dans un circuit auxiliaire fermé très court, disposé dans le voisinage du circuit de résonance. On observe, dans tous les cas, le maximum par lequel passent les déviations de l'instrument de mesure.

Pour faire des mesures de périodes à la réception, on excite le résonateur par l'antenne réceptrice, et l'on se sert des mêmes montages que pour les mesures à l'émission en employant seulement un dispositif bolométrique de sensibilité convenable. On peut opérer ainsi à plusieurs kilomètres du poste d'émission. Les mesures opérées à l'émission fournissent la valeur de la période de l'excitateur, c'est-à-dire de l'antenne d'émission. Les mesures faites à la réception donnent la période des oscillations excitées dans l'antenne réceptrice par l'antenne d'émission.

6. — Résonateurs.

Les résonateurs employés, analogues ou identiques à ceux dont il a été question au paragraphe C, avaient les dimensions suivantes :

M_1, résonateur carré de $35^{cm},6$ de côté;
diamètre du fil $0^{cm},125$ .... $L = 1585^{cm}$

M_2, résonateur carré de $35^{cm},6$ de côté;
diamètre du fil $0^{cm},035$ .... $L = 1956^{cm}$

N_1, résonateur carré de $70^{cm},3$ de côté;
diamètre du fil $0^{cm},2$ .... $L = 3245^{cm}$

N_2, résonateur carré de $70^{cm},3$ de côté;
diamètre du fil $0^{cm},125$ .... $L = 3509^{cm}$

P, résonateur circulaire de $73^{cm},25$ de diamètre;
diamètre du fil $0^{cm},09$ .... $L = 3114^{cm}$

O, résonateur circulaire de $43^{cm},5$ de diamètre;
diamètre du fil $0^{cm},09$ .... $L = 1712^{cm},2$

R, résonateur circulaire de $23^{cm},6$ de diamètre;
diamètre du fil $0^{cm},08$ .... $L = 860^{cm}$

Les résonateurs circulaires sont constitués par des cerceaux de bois sur lesquels est enroulé le fil recouvert d'un guipage de caoutchouc.

Les résonateurs carrés sont formés de deux cadres de bois paraffiné réunis par des entretoises d'ébonite sur lesquelles est tendu le fil nu ou recouvert d'un simple guipage de coton.

On s'est servi, pour le calcul des coefficients d'induction, des formules connues :

Pour les résonateurs circulaires,

$$ L = 4\pi a\left(\mathcal{L}\frac{8a}{\rho} - 2 \right), $$

où $2a$ est le diamètre du résonateur, et ρ le rayon du fil, formule identique à la formule de Stéphan

$$ L = 2l\left(\mathcal{L}\frac{l}{\rho} - 1,758 \right) $$

et, pour les résonateurs carrés,

$$L = 4\left[2\,a\,\mathcal{L}\,\frac{2\,a}{\rho(1+\sqrt{2})} + 2\left(a\sqrt{2} - 2\,a + \rho\right)\right],$$

où a est le côté du carré, et ρ le rayon du fil.

En négligeant ρ dans le dernier terme de la parenthèse, on peut mettre a en facteur et donner à la relation la forme plus simple

$$L = 8\,a\left(\mathcal{L}\,\frac{2\,a}{2,41\,\rho} - 0,59\right).$$

La longueur du fil étant $l = 4\,a$, on peut écrire

$$L = 2\,l\left(\mathcal{L}\,\frac{l}{2} - 2,16\right),$$

formule indiquée par Lagergreen ([1]) et commode pour le calcul numérique.

7. — CAPACITÉS.

Les condensateurs à lame d'air étaient formés de la réunion d'un nombre variable d'éléments identiques constitués de la manière suivante :

Sur chacune des faces d'une lame de verre est collée une feuille d'étain de dimensions moindres.

La lame de verre est séparée de la suivante par un cadre découpé dans du carton paraffiné.

Les deux feuilles d'étain qui appartiennent à la même lame débordent du même côté. D'ailleurs, les feuilles des lames paires sortent d'un côté, les feuilles des lames impaires de l'autre. Les lames de verre extrêmes ne portent qu'une seule feuille sur la face interne.

On voit que les lames de verre servent uniquement de support aux armatures d'étain. Les éléments sont réunis dans un châssis de bois paraffiné, maintenus par deux

---

([1]) LAGERGREEN, *Wied. Ann.*, t. LXIV, 1898.

traverses munies de lames formant ressort et assujetties
par des boulons.

Fig. 17.

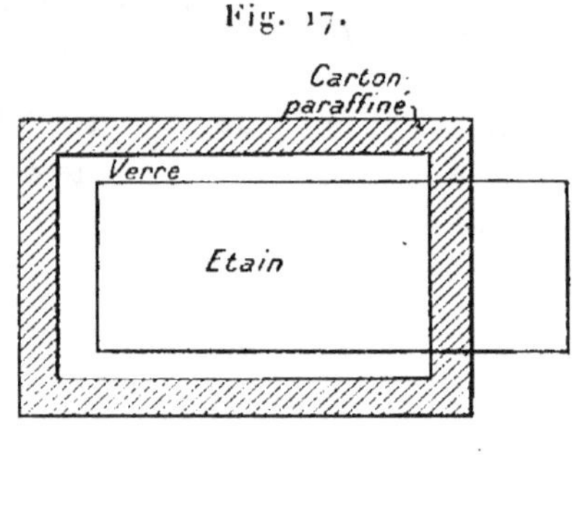

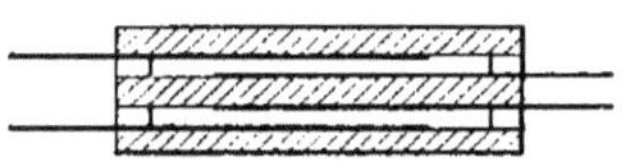

On arrive ainsi à réaliser sous un volume relativement
restreint les capacités notables dont nous avions besoin.

Pour un premier jeu de condensateurs, les feuilles
d'étain, rectangulaires, avaient pour dimensions $12,5 \times 18$,
les lames d'air environ $0^{cm},1$ d'épaisseur. Une autre série
a été confectionnée avec des feuilles de 8×12 et la même
épaisseur d'air.

Ces différents condensateurs ont été mesurés en employant le dispositif utilisé par M. Abraham (¹), que l'on
a pu toutefois notablement simplifier étant donné le degré
de précision qui suffisait à nos expériences.

Deux commutateurs tournants indépendants sont montés
sur le même axe et entraînés par un petit moteur électrique. L'un de ces commutateurs produit les décharges
successives du condensateur à mesurer dans un galvanomètre Thomson G de 6670^{ω} de résistance. L'autre décharge un condensateur étalon Carpentier de 1 microfarad

---

(¹) ABRAHAM. _Ann. de Ch. et de Ph._, t. XXVII. 1892. p. 433.

dans un galvanomètre à cadre mobile g shunté à l'apériodicité critique, et sert de tachymètre.

On procède par méthode de déviation. Le commutateur est lancé, et, quand la vitesse prend une valeur constante,

Fig. 18.

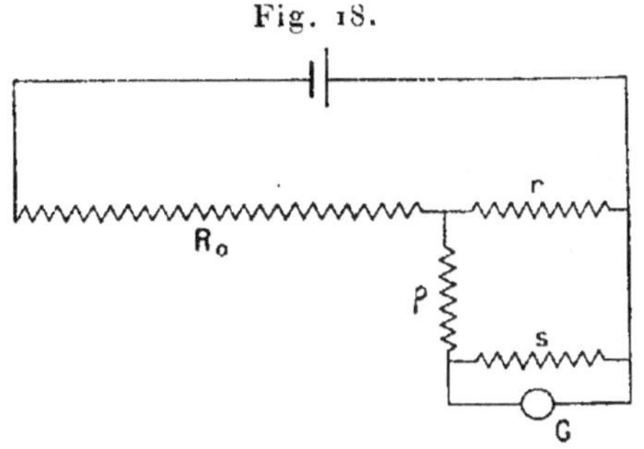

on lit les déviations respectives et simultanées des deux galvanomètres, δ pour G et δ' pour g.

Soient alors R la résistance qui, intercalée dans le circuit du galvanomètre G, avec la même force électromotrice, donne la déviation δ; R' la résistance qui, dans le circuit de g, donne la déviation δ'.

On a
$$CR = C'R',$$
soit
$$C \text{ en U. E. S.} = 9.10^{5}\,\frac{R'}{R}\ \text{mégohms.}$$

Pour obtenir la valeur de R, avec une certaine précision, on se sert du système de double shunt représenté sur le schéma (*fig.* 18), où

R_0, résistance fixe $= 10^{5}$ ohms,
r, » » $= 500$ ohms,
ρ, » » $= 10^{4}$ ohms,
s, shunt variable constitué par une boîte
    de résistances étalonnées.

La pile de charge du condensateur à mesurer comprenait 8 éléments Leclanché à grande surface, et la pile du tachymètre, 2 éléments.

On a obtenu ainsi les valeurs suivantes :

Première série (condensateurs les plus grands).

Condensateurs.	Capacités en U. E. S.
N° 2 (2 éléments)...............	460
N° 4 (4 éléments)...............	700
N° 8_1 (8 éléments)............	1570
N° 8_2 (8 éléments)............	1650
N° 12_1 (12 éléments).........	2200
N° 12_2 (12 éléments).........	2070

Deuxième série (condensateurs les plus petits).

Condensateurs.	Capacités en U. E. S.
N° 1' (1 élément)...............	150
N° 2' (2 éléments).............	240
N° 3' (3 éléments).............	300
N° 4' (4 éléments).............	380

On a vérifié, par mesure directe, qu'en réunissant en quantité un certain nombre de ces condensateurs, on obtenait une capacité égale à la somme des capacités individuelles.

Ainsi, par exemple, on trouve :

Condensateurs réunis.	Capacités mesurée.	calculée.
$12_1 + 8_1$	3760	3770
$12_1 + 12_2 + 8_1$	5830	5840

En groupant convenablement ces condensateurs, on pouvait réaliser une échelle étendue de capacités croissant par 100 unités environ.

8. — MESURES A L'ÉMISSION.

Le procédé le plus sensible et qui paraît devoir fournir les résultats les plus précis, est celui qui consiste à agir sur le bolomètre par induction en le disposant dans un circuit fermé très court dans le voisinage immédiat du résonateur.

Quand on se sert de l'un des résonateurs carrés, par exemple, une portion de l'antenne est disposée parallèle-

Fig. 19.

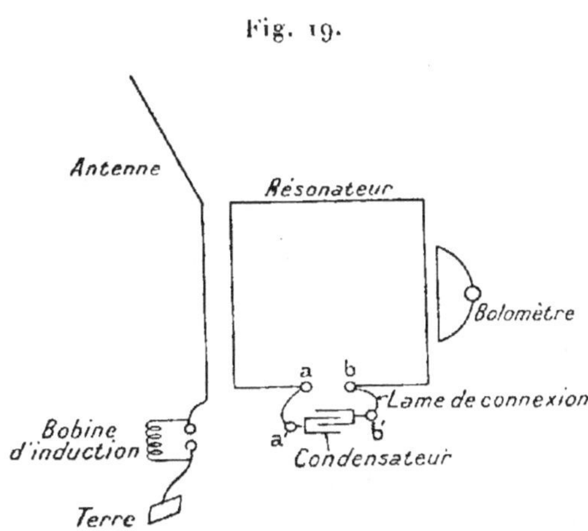

ment à l'un des côtés du cadre qui est suspendu verticalement (à une distance de 2^{cm} à 6^{cm}). Le circuit du bolomètre comprend une partie parallèle au côté opposé du cadre.

Le fil du résonateur est coupé au milieu de l'un des côtés horizontaux sur une longueur de $1^{cm},5$. Les bouts des fils sont serrés dans deux bornes a et b fixées sur une plaque d'ébonite. Les condensateurs sont intercalés entre les bornes a et b par l'intermédiaire de lamelles de cuivre flexibles de $1^{cm},5$ à $1^{cm},8$ de largeur.

Quand on groupe plusieurs condensateurs, les connexions s'opèrent aussi à l'aide de pareilles lamelles que l'on fait en sorte de prendre aussi courtes que possible. On est, néanmoins, conduit à employer, surtout pour réaliser les fortes capacités, des longueurs totales de lames de 20^{cm} à 25^{cm}.

Bien que ces lames soient larges, leur introduction

dans le circuit du résonateur en modifie la self-induction. On ne peut se proposer de faire le calcul de la correction, mais il est possible d'en déterminer expérimentalement la valeur par les mesures mêmes, ainsi que nous le verrons.

La même difficulté se présente quand on opère les mesures en intercalant directement le bolomètre, ou l'appareil détecteur thermique dans le résonateur. L'introduction de l'instrument modifie la valeur de la self-induction dans une proportion notablement plus forte que les lamelles; la correction est plus difficile à évaluer, elle est, d'ailleurs, beaucoup plus incertaine. De plus, comme l'instrument introduit en même temps dans le résonateur une résistance toujours notable par rapport à celle du circuit, l'amortissement prend une valeur plus grande, et la résonance est moins accentuée.

L'incertitude des mesures est donc beaucoup plus grande. On peut se demander, néanmoins, si le bolomètre ainsi disposé à l'extérieur du résonateur donne bien les indications que l'on cherche.

Du moment que l'instrument dévie, c'est qu'il absorbe à son profit une portion de l'énergie dépensée dans le résonateur. Cette fraction, très faible d'ailleurs, est vraisemblablement proportionnelle à celle qui est mise en jeu dans le résonateur. Mais cette circonstance n'est-elle pas de nature à influer sur les mesures?

Afin d'élucider tout d'abord ce point, nous avons fait l'expérience suivante :

On intercale un ampèremètre thermique dans un circuit de résonance (résonateur circulaire de 43^{cm}) que l'on fait agir par induction sur le bolomètre. Le résonateur étant excité par une antenne de 40^m, simple, on observe que les déviations des deux instruments passent en même temps par un maximum pour une valeur de la capacité égale à 3500.

On supprime le circuit du bolomètre. L'indication du

.hermique passe encore par un maximum pour la même valeur 3500 de la capacité.

Il est donc permis d'admettre que les réactions qui proviennent du circuit du bolomètre n'exercent qu'une influence négligeable sur la détermination de la période. Nous trouverons par ailleurs qu'elles ont pour effet d'accroître l'amortissement du résonateur, mais incomparablement moins que si l'instrument se trouvait dans le circuit.

On a reconnu aussi que la variation de la distance du circuit du bolomètre au résonateur n'entraînait aucune modification dans la valeur de la capacité correspondante à la résonance.

Pour obtenir une grande régularité dans les émissions, on les produit à l'aide d'une petite bobine Carpentier munie d'un interrupteur *atonique*.

Dans ces conditions, les déviations du bolomètre croissent progressivement et prennent une valeur parfaitement fixe. On utilise, en général, des étincelles de $0^{cm},1$ à $0^{cm},2$ de longueur.

Pour une antenne donnée, et avec le même résonateur, on retrouve toujours exactement le maximum pour la même valeur de la capacité. Ainsi, voici trois mesures effectuées à plusieurs mois de distance sur une antenne simple de $42^{m},20$ de longueur, avec le résonateur de 70^{cm} (fil de $0^{cm},2$) :

Capacités en 10^{2} cm.	Déviations.		
	1. Octobre.	2. Décembre.	3. Janvier.
11,6	12	»	»
15,7	58	14	17
20,3	86	41,5	53
22	**92**	**72**	**98**
26,6	87	70	92
29	76	62	66
33,6	64	47	42
37,5	54	31	25
43	45	20	17

Les observations $1, 2, 3$ se rapportent à des positions différentes du circuit du bolomètre par rapport au résonateur. On voit que, bien que la loi de variation des déviations ne soit pas la même dans les trois cas, le maximum a toujours invariablement lieu pour la valeur

$$C = 2200^{cm}.$$

On peut donc avoir une certaine confiance dans la valeur des capacités d'accord déterminées.

9. — CALCUL DES LONGUEURS D'ONDE.

La comparaison de la longueur d'onde des antennes présente plus d'intérêt que la comparaison des périodes.

La relation $\lambda = 2\pi\sqrt{LC}$, où C est la capacité d'accord déterminée par les observations précédentes, et L la self-induction du résonateur fermé, donne directement la longueur d'onde en centimètres, si l'on exprime L en unités électromagnétiques, et C en unités électrostatiques.

Si l'on fait le calcul pour une même antenne, avec les différents résonateurs, on trouve pour λ des valeurs sensiblement différentes, et d'autant plus faibles que la self du résonateur utilisé est elle-même moins considérable.

Ainsi, pour une antenne de 40^{m} simple, constituée par un conducteur de cuivre de $0^{cm},3$ de diamètre, on trouve

Résonateurs.	Self-induction calculée.	Capacité d'accord observée.	Longueur d'onde calculée.
M_1 (carré)..........	1585	3900	$156,5^{m}$
M_2 (carré).........	1956	3300	159
Q (circulaire)......	1712,5	3700	158,5
N_1 (carré).........	3245	2100	163,5
N_2 (carré).........	3509	1980	166

On ne saurait attribuer le fait à une perturbation apportée par la présence du résonateur dans le régime de l'antenne. La portion de l'antenne qui agit sur le résonateur n'intéresse qu'une fraction minime de la longueur d'antenne, et la longueur totale du résonateur n'est qu'une faible fraction de la longueur d'onde.

On voit, d'ailleurs, qu'il y a une variation quand on passe du résonateur M_1 au résonateur M_2 et du résonateur N_1 à N_2, bien que les longueurs de M_1 et M_2 soient les mêmes ainsi que celles de N_1 et de N_2.

Le phénomène se produit dans le même sens avec toutes les antennes. Tout se passe comme si la self-induction en jeu avait une valeur supérieure à celle que fournit le calcul, l'excès étant d'autant plus fort que la self considérée est plus faible.

C'est ce qui aurait lieu, par exemple, si l'on devait ajouter à la self calculée une quantité constante. Nous avons regardé comme négligeable la self des lames de connexion qui réunissent les condensateurs au résonateur. Bien que la longueur de ces lames soit réduite, et leur largeur notable, leur présence est susceptible de modifier la valeur de la self du résonateur.

C'est ce que montre l'expérience suivante :

On fait deux séries de mesures comparatives sur la même antenne avec les différents résonateurs.

L'une des séries d'observations est prise avec les lames de connexion telles quelles; l'autre, après avoir doublé partout la longueur de ces lames.

On obtient ainsi, pour l'antenne de 40^m simple :

Résonateurs.	Self calculée.	Capacités d'accord en centimètres.	
		Lames simples.	Lames doubles.
M_1	1585	3900	3600
M_2	1956	3300	3100
N_1	3245	2100	2020
N_2	3509	1980	1900
Q	1712,5	3700	3450

Les valeurs des capacités d'accord ne sont donc pas les mêmes quand on change la longueur des lames des connexions.

Si l'on admet que l'effet produit est une simple modification de la self du résonateur, on doit avoir approximativement

$$C(L + x) = C_1(L + 2x),$$

en désignant par L la valeur de la self calculée, par x la variation de self apportée par les lames simples, et par C et C_1 les valeurs respectives des capacités d'accord dans l'emploi des connexions simples et doublées.

On a ainsi

$$x\left(\frac{C_1}{C - C_1} - 1\right) = L.$$

En faisant le calcul de la correction x pour les différents résonateurs, on a

Résonateurs.		Correction x.
	cm	cm
M_1	1585	144
M_2	1956	135
N_1	3245	136
N_2	3509	147
Q	1712,5	133

On a adopté la valeur moyenne 140^{cm} pour la correction due aux lames, et fait le calcul de la longueur d'onde de l'antenne de 40^m avec les valeurs $(L + x)$ suivantes pour chacun des résonateurs :

Résonateurs.	Self corrigée $(L + x)$.	Capacité d'accord observée.	Longueur d'onde calculée.
M_1 (carré)	1725	3900	164 m
M_2 (carré)	2096	3300	166
N_1 (carré)	3385	2100	167,5
N_2 (carré)	3649	1980	167
Q (circulaire)	1852	3700	165

Les valeurs obtenues pour la longueur d'onde avec les différents résonateurs se trouvent désormais en parfaite concordance. La légitimité de la correction est donc établie.

L'expérience que nous avons citée ne saurait être considérée comme susceptible de donner avec précision la valeur de cette correction.

Mais on doit remarquer qu'elle en fixe l'ordre de grandeur. On peut donc être certain que la correction ne modifie la self du résonateur N_2 que des 0,04 de sa valeur et n'exerce, par suite, qu'une influence négligeable sur les données fournies par ce résonateur.

Nous avons adopté les valeurs des self données ci-dessus pour nos résonateurs, observé les capacités d'accord pour un certain nombre d'antennes et calculé les longueurs d'ondes. Les résultats de ce calcul sont inscrits dans le Tableau suivant :

Longueurs d'onde des antennes simples de 0^{cm},3 de diamètre.

Résonateurs.	Longueurs d'antennes.					
	30^m.	40^m.	50^m.	60^m.	70^m.	80^m.
M_1 — 1725	126	164	204	»	»	»
M_2 — 2096	128	166	206	245	»	»
N_1 — 3385	127	167,5	208,5	247	288	324,5
N_2 — 3649	129	167	208	248	287	326
Q — 1852	127	165	206,5	»	»	»
P — 3254	»	168	208,5	246	283	325
Moyennes..........	127,4	165,8	206,9	246,6	286	325,25
Soit..............	127,5	167	207	246,5	286	325

Ce Tableau fait ressortir les relations suivantes :

1° *La période principale d'une antenne filiforme simple correspond à une valeur de la longueur d'onde toujours supérieure à quatre fois la longueur de l'antenne.*

2° *Le rapport $\frac{\lambda}{4l}$, qui est > 1, va en diminuant quand*

T. 7

la longueur de l'antenne augmente et tend vers l'unité.

On a approximativement :

	Longueurs d'antennes.					
	30^m.	40^m.	50^m.	60^m.	70^m.	80^m.
λ	$127^m,5$	167^m	207^m	$246^m,5$	286^m	325^m
$\dfrac{\lambda}{4l}$	$1,060$	$1,045$	$1,035$	$1,030$	$1,020$	$1,020$

Nous avons étendu l'étude aux antennes simples de différents diamètres, ainsi qu'aux systèmes d'antennes multiples.

On s'est borné à déduire les longueurs d'onde de l'observation de l'accord avec les résonateurs N_1 et N_2 de 70^{cm} de côté

On a établi ainsi que :

1° *Pour une antenne de longueur donnée, le rapport* $\dfrac{\lambda}{4l}$ *tend vers l'unité quand le diamètre du fil diminue.*

Ainsi, pour trois antennes simples de $42^m,50$ de longueur, en conducteur de cuivre, on a trouvé :

	Antennes.		
	Conducteur 1 fil $d = (0^{cm},04)$.	Conducteur 1 fil $(d = 0^{cm},3)$.	Conducteur à 7 fils de $0^{mm},12$ (*).
λ	174^m	$178^m,5$	180^m
$\dfrac{\lambda}{4l}$	$1,025$	$1,050$	$1,055$

2° *Pour les antennes filiformes à branches multiples, le rapport* $\dfrac{\lambda}{4l}$ *est notablement supérieur à 1 :*

(*) Les valeurs numériques que nous avons précédemment données aux *Comptes rendus*, 14 octobre 1904, se rapportent à ce conducteur à 7 fils.

Il croît avec le nombre des branches et l'écartement de ces branches.

On a disposé successivement trois antennes de $42^m,20$ de longueur totale : la première, simple en fil de $0^{cm},1$ de diamètre ; la seconde à quatre branches parallèles du même fil, sur des croisillons de 1^m de longueur ; la troisième à quatre branches parallèles du même fil, sur des croisillons de 2^m de longueur.

Dans les deux antennes multiples, la longueur de la partie quadruple était de 38^m, le bout complémentaire de $4^m,20$ demeurant nécessairement simple pour permettre d'établir les connexions à l'intérieur du poste d'observation et la mise à la terre.

On a trouvé :

	Antenne		
	simple.	4 branches à 1^m.	4 branches à 2^m.
λ	176^m	197^m	204^m
$\dfrac{\lambda}{47}$	$1,04$	$1,17$	$1,21$

On a ensuite comparé l'antenne de $42^m,20$ à quatre branches sur croisillons de 1^m à une antenne de même longueur (38^m de partie multiple) constituée par six

Fig. 20.

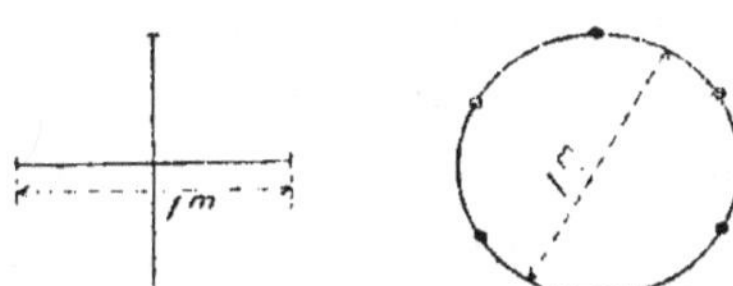

branches parallèles disposées aux sommets d'un hexagone régulier inscrit dans un cercle de 1^m de diamètre.

Les supports de ces branches étaient réalisés très simplement par deux cercles de barrique.

On a obtenu ainsi :

	Antenne		
	simple.	4 branches.	6 branches.
λ	176^{m}	197^{m}	205^{m}
$\dfrac{\lambda}{4l}$	$1,040$	$1,17$	$1,215$

Et il se trouve que l'antenne à six branches, disposées sur les génératrices d'un cylindre de 1^{m} de diamètre, a sensiblement la même période que l'antenne à quatre branches sur croisillons de 2^{m}.

Quand les dimensions transversales restent les mêmes pour les antennes multiples, le rapport $\dfrac{\lambda}{4l}$ va en décroissant quand la longueur augmente.

Ainsi, pour deux antennes multiples à quatre branches, à croisillons de 1^{m}, ayant l'une 57^{m} de longueur totale (dont 50^{m} quadruple), l'autre $42^{m},20$ de longueur totale (dont 38^{m} quadruple), on a :

	Antenne			
	simple 42^{m}.	multiple 42^{m}.	simple 57^{m}.	multiple 57^{m}.
λ	176^{m}	197^{m}	235^{m}	262^{m}
$\dfrac{\lambda}{4l}$	$1,040$	$1,170$	$1,030$	$1,148$

Nous avons recueilli aussi quelques données sur des systèmes plus complexes d'antennes à branches multiples, non parallèles.

Je citerai les systèmes suivants parce qu'ils ont servi à d'autres expériences dont il sera question plus loin :

Système de deux branches de 38^{m} de longueur jonctionnées en bas et distantes de 5^{m} dans le haut, avec $4^{m},20$ de connexion simple,

$$\lambda = 181^{m}, \qquad \frac{\lambda}{4l} = 1,07.$$

Système de 6 branches de 38^{m} de longueur suspendues en haut à une traverse horizontale de 5^{m} de longueur (distantes de 1^m) et jonctionnées en bas à un bout simple de $4^m,20$,

$$\lambda = 214^m, \qquad \frac{\lambda}{4l} = 1,265.$$

Fig. 21.

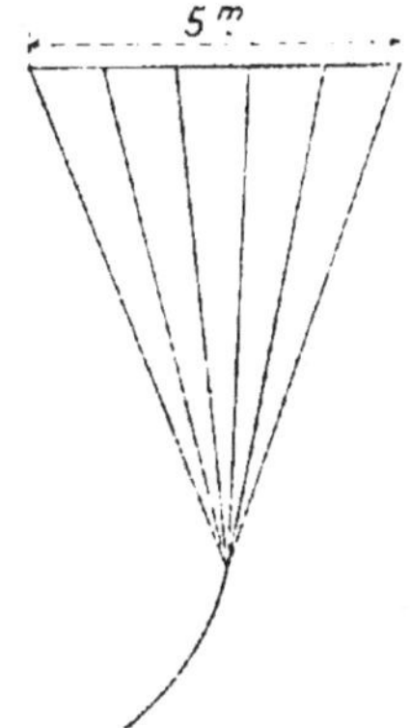

Et l'on peut noter que le rapport $\dfrac{\lambda}{4l}$ va encore en augmentant quand on passe de la forme cylindrique à la forme en rideau.

10. — OSCILLATIONS D'ORDRE SUPÉRIEUR.

Indépendamment de la période principale, les antennes donnent naissance à des oscillations d'ordre supérieur que l'on ne peut en général déceler par l'observation au thermique, mais que le bolomètre met en évidence avec la plus grande facilité grâce à sa sensibilité. Pour une antenne simple de 50^m, par exemple, on obtient les déviation suivantes avec le résonateur M_1 (carré de 35^{cm}).

(Nous indiquons seulement un certain nombre de points.)

Capacités en 10^2 cm.	Déviations.	Capacités en 10^2 cm.	Déviations.
4	6	42	30
4,6	7	45	41
5,7	12	47	52
7,0	**18**	50	70
9,5	13	55	75
11,6	8	58	78
15	6,5	61	**80**
20	6	63	73
26	8	65	55
29	10	70	44
34	12	75	35
37,5	20		

Il y a donc deux maxima très nets :

Le premier correspond à la capacité $c = 700^{cm}$ et donne la valeur $\lambda' = 68^m$.

Le deuxième correspond à la capacité $c = 6100$ et donne la valeur $\lambda = 205^m$.

On trouve de même pour l'antenne de 60^m, avec le même résonateur, un premier maximum pour $c = 960^{cm}$ qui donne $\lambda' = 79^m,5$, et un second maximum tout à fait à la limite de la série des condensateurs, vers $c = 8650^{cm}$, qui donne $\lambda = 244^m$.

Il est clair que les résonateurs précédents, qui avaient l'ordre de grandeur voulu pour opérer la mesure des périodes principales, ne se prêtent pas à la recherche des oscillations supérieures.

Nous avons disposé pour ces recherches un nouveau résonateur circulaire plus petit, de $23^{cm},6$ de diamètre, en fil de $0^{cm},08$.

Ce résonateur a pour coefficient de self calculé $L = 860^{cm}$, mais la correction due aux lames et aux bouts de connexion que l'on n'a pu complètement supprimer atteint 170^{cm}, de sorte que la self réelle mise en jeu est 1030^{cm}.

Bien que la correction soit relativement considérable par rapport à la valeur fournie par le calcul, on doit noter qu'elle est bien déterminée puisque l'on connaît désormais les valeurs assez précises des longueurs d'onde des antennes déjà étudiées.

On l'a obtenue en faisant des observations comparatives d'accord (sur la période principale) avec ce résonateur de $23^{cm},6$ et les résonateurs précédents. Les antennes de 30^m et de 40^m permettent d'opérer aisément cette comparaison.

C'est ce petit résonateur qui a été utilisé pour la recherche des oscillations supérieures. Les résultats sont consignés dans le Tableau suivant :

	Antenne.		
	40^m.	50^m.	50^m.
1er maximum observé.	$c = 250^{cm}$ $\lambda_5 = 31^m,5$	$c = 150^{cm}$ $\lambda_3 = 42^m,5$	$c = 340^{cm}$ $\lambda_7 = 36^m$
2e maximum observé.	$c = 700^{cm}$ $\lambda_3 = 53^m,5$	$c = 1150^{cm}$ $\lambda_3 = 68^m,5$	$c = 650^{cm}$ $\lambda_5 = 51^m$
3e maximum observé.	$c = 6750^{cm}$ $\lambda_1 = 166^m$	....	$c = 1700^{cm}$ $\lambda_3 = 83^m$

De sorte que les rapports des longueurs d'onde supérieures successives à la longueur d'onde fondamentale ont les valeurs suivantes :

	Antenne.		
	40^m.	50^m.	60^m.
λ............	167^m	207^m	$246,5$
$\dfrac{\lambda_3}{\lambda_1}$............	$0,320$	$0,330$	$0,335$
$\dfrac{\lambda_5}{\lambda_1}$............	$0,189$	$0,205$	$0,203$
$\dfrac{\lambda_7}{\lambda_1}$............	»	»	$0,146$

Les rapports obtenus sont très voisins de ceux de la série harmonique :

$$0,333 \quad 0,200 \quad 0,143,$$

surtout pour les longues antennes.

Ainsi les antennes donnent des oscillations d'ordre supérieur [tout à fait analogues aux oscillations fournies par les systèmes étudiés par M. Lamotte ([1])], qui obéissent aux lois suivantes :

1° *Ces oscillations sont toutes d'ordre impair et, dans les antennes filiformes, sont distribuées très sensiblement comme les harmoniques des tuyaux fermés.*

2° *Les rapports paraissent se rapprocher d'autant plus de la série harmonique que les antennes sont plus longues. On met d'ailleurs en évidence un nombre d'autant plus grand d'harmoniques que les antennes sont plus longues.*

3° *Il existe vraisemblablement un nombre indéfini d'harmoniques, mais les intensités vont en décroissant rapidement à mesure que l'ordre s'élève. Il semble cependant que l'importance relative des harmoniques croisse avec la longueur de l'antenne.*

Nous avons étudié au point de vue des oscillations supérieures quelques systèmes à branches multiples.

Avec l'antenne de $42^m,20$ de longueur totale, 38^m de partie multiple à quatre branches parallèles, croisillons de 1^m, on trouve, par exemple, un maximum pour la valeur

$$C = 1150^{cm},$$

qui correspond à

$$\lambda_3 = 67^m.$$

Comme on a trouvé

$$\lambda_1 = 197^m,$$

on a

$$\frac{\lambda_3}{\lambda_1} = 0,340.$$

Pour le système de rideau à six branches de la même longueur totale, et pour lequel on a trouvé

$$\lambda_1 = 214^m,$$

([1]) LAMOTTE, Thèse : *Sur les oscillations électriques d'ordre supérieur.* Paris, 1901.

on obtient

$$c = 1200^{cm},$$
$$\lambda_3 = 70^{m},$$

soit

$$\frac{\lambda_3}{\lambda_1} = 0,326.$$

Enfin, pour deux antennes ayant chacune 50^{m} de partie multiple (quatre branches parallèles à 1^{m} d'écartement), mais comprenant, l'une 4^{m}, l'autre 10^{m} de partie simple, on a

	λ_1.	λ_3.	$\frac{\lambda_3}{\lambda_1}$.
Antenne de 54^{m}............	248^{m}	82^{m}	0,330
Antenne de 61^{m}............	286^{m}	92^{m}	0,325

Mais on trouve pour l'antenne de 60^{m} un autre maximum, assez peu accentué, pour la valeur $c = 400^{c}$, qui correspond à un $\lambda = 40^{m},5$.

Cette dernière valeur répond presque exactement à l'harmonique λ_7.

Ainsi, on trouve λ_7 tandis que λ_5 demeure tout à fait insensible.

Or, on peut noter que cette longueur d'onde de 40^{m} se trouve précisément être très voisine de la longueur d'onde fondamentale de la portion simple de 10^{m}.

Il est vraisemblable que c'est cette circonstance fortuite qui a déterminé la production de cette harmonique.

D'une manière générale, dans les systèmes complexes constitués de branches multiples et de portions simples, les oscillations supérieures ne sont pas harmoniques. On se rapproche d'autant plus de la loi harmonique et les oscillations supérieures successives sont d'autant mieux marquées que le système est plus homogène.

Ainsi les antennes à branches parallèles, multiples sur toute la longueur, donnent des harmoniques comme les antennes filiformes simples.

M. Lamotte (¹) avait déjà noté que, pour que les vibrations supérieures soient harmoniques, il faut que les systèmes partiels qui correspondent aux subdivisions du système total soient identiques.

Indépendamment des perturbations apportées dans les harmoniques par l'introduction de portions simples dans un système à plusieurs branches, il peut aussi se produire une superposition des vibrations propres de ces parties simples aux vibrations générales du système.

En résumé :

Les oscillations supérieures existent aussi dans les systèmes à branches multiples, mais la loi de distribution est en général complexe et s'écarte de la loi harmonique. Le phénomène se complique en outre du fait de l'addition des portions simples nécessaires à l'établissement des connexions.

11. — MESURE DE LA PÉRIODE DES OSCILLATIONS DANS L'ANTENNE RÉCEPTRICE.

Le dispositif utilisé pour la mesure des périodes à l'émission peut être employé, tel quel, pour obtenir la mesure de la période des vibrations dans l'antenne réceptrice.

Les expériences de résonance que nous avons décrites plus haut permettent, évidemment, d'obtenir la détermination de la période si l'on opère avec un soin suffisant.

Nous avons repris ces observations de résonance avec les mêmes cadres et les mêmes condensateurs que ceux qui ont été employés dans les mesures de périodes à l'émission, et en observant les précautions les plus minutieuses pour assurer la constance des émissions.

Voici quelques-unes de ces observations ; elles se rap-

(¹) LAMOTTE, Thèse. *loc. cit.*, p. 50.

portent à la réception d'ondes émises (système direct) par un poste situé à 1700^m (*Henri-IV*).

1° Antenne d'émission de 57^m simple;

Antenne de réception identique de 57^m simple;

Résonateur N_2, bolomètre S_1 sur galvanomètre Broca, maximum pour

$$C = 3800^{cm}.$$

Soit, période principale,

$$\lambda_1 = 236^m.$$

2° Antenne d'émission de 53^m de longueur totale, dont 37^m quadruple (A). Cette antenne a été accordée au préalable par résonance directe sur l'antenne multiple de réception.

Antenne de réception multiple de 57^m de longueur totale (B):

Résonateur N_2, bolomètre S_1 sur galvanomètre Broca, maximum pour

$$C = 4750^{cm}.$$

Soit, période principale,

$$\lambda_1 = 264^m.$$

Dans ces deux observations, les systèmes d'émission et de réception se trouvent en résonance.

Or, en mesurant, à l'émission, la période de l'antenne de 57^m simple, on trouve $\lambda_1 = 235^m$.

En mesurant de même la période des antennes multiples A et B, on les trouve toutes deux égales à 264^m sensiblement. (On a trouvé pour A : 263^m,5; et pour B : 265^m.) Et, d'une manière générale :

1° *Lorsque deux systèmes A et B sont en résonance, le résultat obtenu pour la valeur de la période est le même, soit que l'on fasse la mesure sur l'émission en A ou en B, soit que l'on fasse la mesure sur la réception en B ou en A.*

On vérifie aussi que :

2° *Lorsque deux systèmes* A *et* B *se trouvent en résonance avec un troisième* C, *ils sont en résonance entre eux et ont la même période.*

Ces propositions justifient les méthodes de mesures employées, tant à l'émission qu'à la réception.

Il était intéressant de contrôler, d'une manière précise, par la mesure des périodes les résultats que nous avons signalés (§ C), et qui ont été obtenus dans la mise en résonance de systèmes indirects à l'aide d'antennes désaccordées.

On a attaqué une antenne simple de 57^m par émissions de l'antenne multiple A de 53^m totale (dont 37^m quadruple) :

Résonateur N_2 excité par l'antenne réceptrice, holomètre S_1, galvanomètre Broca.

Maximum pour

$$C = 4400^{cm}.$$

Soit, période principale,

$$\lambda_1 = 252^m.$$

Or, on a

Période de l'antenne d'émission .... $\lambda = 264^m$
Période de l'antenne de réception ...... $\lambda = 236^m$

La période des oscillations dans l'antenne réceptrice, quand les antennes ne sont pas en résonance, n'est donc égale ni à la période de l'antenne d'émission, ni à la période de l'antenne de réception.

On peut remarquer que, dans le cas présent, on a

$$\frac{264 + 236}{2} = 250^m.$$

La valeur intermédiaire de la période des oscillations dans l'antenne réceptrice se trouve être sensiblement égale à la moyenne arithmétique des périodes de l'antenne d'émission et de l'antenne de réception.

Les expériences de résonance décrites précédemment (§ C) nous avaient conduit à inférer que le mouvement vibratoire dans l'antenne réceptrice *désaccordée* est la superposition d'une vibration *forcée* ayant la période de l'émission, et d'une vibration *libre,* ayant la période propre de l'antenne réceptrice.

Les mesures de périodes apportent une nouvelle confirmation à cette interprétation et montrent que l'hypothèse de Bjerknes se trouve pleinement vérifiée dans le cas où les systèmes vibrants sont constitués par des antennes.

12. — HARMONIQUES DANS L'ANTENNE RÉCEPTRICE.

La mesure des périodes sur l'antenne réceptrice, excitée par une antenne d'émission, permet aussi de mettre en évidence les oscillations supérieures.

Nous n'avons pu toutefois déceler ainsi que la vibration λ_3, c'est-à-dire la première harmonique.

Cette harmonique paraît *notablement plus marquée* quand les antennes sont désaccordées que dans le cas où les systèmes sont en résonance parfaite.

Nous avons pu mettre l'harmonique en évidence par des procédés tout à fait directs et la saisir sur l'antenne réceptrice même.

En attaquant une antenne simple de 57^m par une antenne identique à l'émission, et déplaçant le bolomètre W_3 le long de l'antenne réceptrice, on a obtenu une série de valeurs des déviations aux différents points de l'antenne (n° **4**). On a tracé une courbe *a* en portant en abscisses les longueurs d'antenne à partir de la base et en ordonnées les déviations δ du bolomètre.

En relevant sur cette courbe *a* les ordonnées aux différents points, on a obtenu un Tableau complet des déviations le long de l'antenne.

Les racines de ces déviations sont proportionnelles à la valeur du courant en chaque point.

Distances sur l'antenne à partir de la base.	Déviation δ courbe a.	$\sqrt{\delta}$ courbe c.
m		
0	70	8,30
5	60	7,75
10	50	7,10
15	42	6,50
20	32	5,60
25	22	4,70
30	14	3,75
35	9	3
40	4	2
45	3	1,73
50	1	1
57	0	0

Les déviations en caractères gras sont celles qui ont été obtenues expérimentalement. Les autres sont fournies par

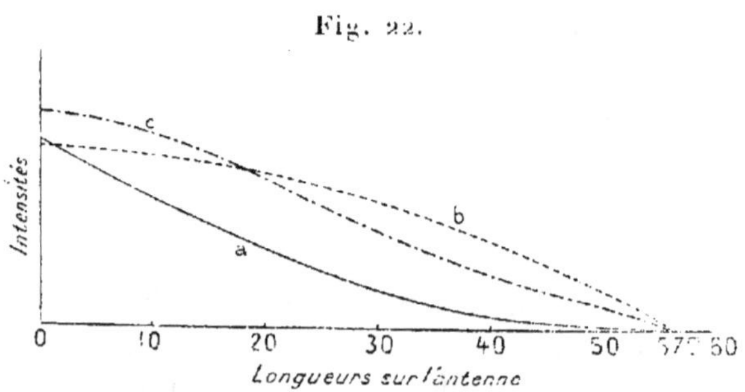

Fig. 22.

interpolation à l'aide du tracé de la courbe. La courbe c, que l'on obtient en portant en abscisses les longueurs d'antennes et en ordonnées les $\sqrt{\delta}$, a l'allure d'une courbe harmonique, mais n'est pas une sinusoïde.

On a essayé de représenter cette courbe c par une

fonction de la forme

$$q = A \cos\frac{\pi x}{2l} + B \cos\frac{3\pi x}{2l}$$

où l est la longueur de l'antenne (57^m).

Si l'on fait

$$A = 6,8, \qquad B = 1,1,$$

on trouve :

Longueur d'antenne x.	$A\cos\frac{\pi x}{2l}$ courbe b.	$B\cos\frac{3\pi x}{2l}$.	q calculé.	Courbe c. q observé.
^{m}				
0....	6,80	—1,10	7,90	8,30
5....	6,73	—1,01	7,74	7,75
10....	6,50	+0,70	7,20	7,10
15....	6,25	—0,36	6,61	6,50
20....	5,78	—0,09	5,69	5,60
25....	5,25	—0,52	4,73	4,70
30....	4,60	—0,87	3,73	3,75
35....	4,15	—1,01	3,14	3,00
40....	3,08	—1,085	1,99	2,00
45....	2,25	—0,92	1,33	1,73
50....	1,38	—0,58	0,80	1

L'accord entre les valeurs calculées à l'aide de la formule et les valeurs observées est remarquable étant données les difficultés de l'expérience.

Cette observation fixerait la valeur du rapport des coefficients A et B de la vibration fondamentale et de la première harmonique à 6,2 environ.

Ce résultat ne doit toutefois être accepté que sous réserve, car la détermination ne saurait avoir un grand caractère de précision.

On a pu mettre en évidence d'une autre manière la première harmonique en opérant ainsi :

Les émissions sont produites à l'aide d'une antenne simple constante de 23^m (*Masséna*, distance 1300^m).

L'antenne de réception est également simple.

Elle est constituée par une portion quasi-verticale de 55^m de longueur et une partie horizontale variable.

On reçoit les émissions directement sur le bolomètre **W**, (galvanomètre Chauvin et Arnoux).

En faisant varier la longueur de l'antenne réceptrice de 68^m à 80^m, on a obtenu le résultat suivant :

Longueur de l'antenne réceptrice.	Déviations.
80	22
78	25
76	26,5
74	**28**
72	27
70	24
68	22

Il paraît bien y avoir un maximum, peu marqué d'ailleurs, pour une longueur de l'antenne réceptrice égale à 74^m.

Or, nos déterminations expérimentales nous donnent pour la longueur d'onde de l'antenne simple de 74^m les valeurs

Période principale...... $\lambda_1 = 302^m$,

Première harmonique... $\lambda_3 = 101^m$, $\qquad \dfrac{\lambda_3}{\lambda_1} = 0,335$.

Et pour l'antenne de 23^m la valeur

Période principale...... $\lambda'_1 = 97^m,50$, $\qquad \dfrac{\lambda_1}{4l} = 1,06$.

On a donc bien sensiblement

$$\lambda'_1 = \lambda_3.$$

C'est-à-dire qu'il existe dans l'antenne de 74^m une vibration dont la période est la même que la période principale de l'antenne de 23^m.

Le mode d'attaque employé a dû vraisemblablement faciliter la production de cette harmonique.

Détermination des amortissements.

1. — LA THÉORIE DE BJERKNES ET LA COURBE DE RÉSONANCE.

Pour l'intelligence des déterminations expérimentales qui suivent, il est nécessaire de rappeler, d'une manière succincte, la théorie générale de la résonance [1].

Cette analyse nous a paru présenter quelque intérêt, car, si les principes de la théorie de Bjerknes sont bien connus, les détails de cette théorie et les applications fécondes qui en découlent n'ont encore été exposés dans aucun Ouvrage français.

Dans un résonateur, le potentiel est une fonction périodique du temps et amortie

$$V = \varphi(t).$$

L'équation différentielle d'un mouvement périodique amorti est, en général,

$$(1) \qquad \frac{d^2\varphi}{dt^2} + 2\beta\frac{d\varphi}{dt} + (b^2 + \beta^2)\varphi = 0.$$

Si l'on suppose que le résonateur soit ébranlé par une cause excitatrice extérieure, par un oscillateur, par exemple, où le mouvement électrique est aussi périodique et amorti, on doit, pour en tenir compte, compléter l'équation précédente par un second membre $F(t)$ et écrire

$$(2) \qquad \frac{d^2\varphi}{dt^2} + 2\beta\frac{d\varphi}{dt} + (b^2 + \beta^2)\varphi = F(t).$$

---

[1] BJERKNES, *Ueber electrische Resonanz* (*Wied. Ann.*, t. LV, 1895, p. 121).

Bjerknes suppose que $F(t)$ est de la forme

$$F(t) = Ae^{-\alpha t}\cos at + Be^{-\alpha t}\sin at.$$

Et cette hypothèse s'est trouvée confirmée par les nombreuses expériences qui ont été faites sur l'oscillateur hertzien.

Pour les conditions aux limites, on suppose que, pour $t = 0$, on a

$$\varphi = 0, \qquad \text{et} \qquad \frac{d\varphi}{dt} = 0.$$

Si φ_b est la solution particulière de l'équation différentielle (2) pour $F(t) = 0$, c'est-à-dire l'intégrale de l'équation (1), on obtiendra l'intégrale générale de l'équation (2) qui est une équation différentielle linéaire du deuxième ordre à coefficients constants en ajoutant à cette intégrale particulière une solution quelconque φ_a.

L'intégrale aura donc la forme

$$\varphi = \varphi_a + \varphi_b$$

et φ_a et φ_b ont pour expressions respectives :

$$(3) \qquad \begin{cases} \varphi_a = e^{-\alpha t}(A_1 \sin at + A_2 \cos at), \\ \varphi_b = e^{-\beta t}(B_1 \sin bt + B_2 \cos bt). \end{cases}$$

Ce résultat analytique peut être interprété physiquement de la manière suivante :

Le mouvement électrique dans le résonateur peut être considéré comme la superposition de deux mouvements partiels :

1° Une vibration *forcée* dont la période et l'amortissement ont pour valeurs la période et l'amortissement de l'oscillateur ;

2° Une vibration *libre* dont la période et l'amortissement ont pour valeurs la période propre et l'amortissement du résonateur.

Si l'on désigne par :

x la période de l'oscillateur,

γ son amortissement,

X la période du résonateur,

δ son amortissement,

on a

$$(4) \quad \begin{cases} a = \dfrac{2\pi}{x}, & b = \dfrac{2\pi}{X}, \\[2mm] \alpha = \dfrac{\gamma}{x}, & \beta = \dfrac{\delta}{X}. \end{cases}$$

On pose

$$m = \frac{a+b}{2}, \qquad n = \frac{a-b}{2}, \qquad \mu = \frac{\alpha+\beta}{2}, \qquad \nu = \frac{\alpha-\beta}{2}.$$

Et l'on substitue, dans les relations (3), à a, b, α, β, leurs valeurs en fonction de m, n, μ, ν.

En développant les sinus et cosinus de sommes on voit aisément que l'on peut mettre φ sous la forme

$$(5) \qquad \varphi = M \sin(mt + m').$$

Relation qui montre que le *mouvement électrique dans le résonateur peut être représenté par une vibration dont la période a pour valeur la moyenne entre la période de l'oscillateur et la période du résonateur.*

C'est le résultat que nous avons obtenu dans les expériences de mesures directes.

Il peut être considéré comme une vérification expérimentale des hypothèses qui servent de base à la théorie de Bjerknes et montre que cette théorie s'applique vraisemblablement aux systèmes oscillants constitués par des antennes.

Pour obtenir la valeur de l'amplitude M, *qui est fonction du temps,* on doit remarquer que n, μ et ν sont, en général, petits vis-à-vis de m, et que l'on peut, par suite, négliger n^2, μ^2 et ν^2 vis-à-vis de m^2. On trouve ainsi

$$(6) \qquad M^2 = \frac{2 b_0^2}{16 m^2 (n^2 + \nu^2)}\left(T_1 + 2\frac{1+\cos 2\alpha'}{m}T_2 + 2\frac{\sin 2\alpha'}{m}T_3\right),$$

où

$$(7) \quad \begin{cases} T_1 = e^{-2\mu t}(e^{-2\nu t} + e^{2\nu t} - 2\cos 2nt), \\ T_2 = e^{-2\mu t}(ne^{2\nu t} - n\cos 2nt - \nu\sin 2nt), \\ T_3 = e^{-2\mu t}(\nu e^{2\nu t} - \nu\cos 2nt + n\sin 2nt). \end{cases}$$

$\mathcal{A}$ est un paramètre indépendant du temps et fonction de l'énergie mise en jeu. Nous l'appellerons le *facteur d'intensité*.

Si l'on suppose que l'on enregistre les effets produits dans le résonateur à l'aide d'un électromètre, les déviations de l'aiguille de l'instrument seront proportionnelles à l'intégrale

$$I = \int \varphi^2 \, dt$$

étendue à toute la durée d'une série complète d'oscillations (train d'ondes).

D'ailleurs, la durée d'observation la plus courte laissera s'écouler un très grand nombre d'oscillations. On peut donc sans inconvénient adopter $t = \infty$ comme limite supérieure, et considérer l'intégrale

$$I = \int_0^\infty \varphi^2 \, dt.$$

En remplaçant φ par sa valeur

$$\varphi = M\sin(mt + m'),$$

c'est-à-dire

$$\varphi^2 = \frac{1}{2}M^2 - \frac{1}{2}M^2\cos 2(mt + m'),$$

il vient

$$(8) \quad I = \frac{1}{2}\int_0^\infty M^2\, dt - \frac{1}{2}\int_0^\infty M^2\cos 2(mt + m').$$

La seconde intégrale est nulle, car elle renferme un même nombre d'éléments positifs et négatifs égaux.

Il serait facile de l'établir analytiquement, mais on le voit immédiatement en faisant le tracé de la courbe représentative de la fonction.

Ainsi, l'expression

$$\int_0^\infty \varphi^2 \, dt$$

peut être remplacée par la suivante

$$(9) \qquad \mathrm{I} = \frac{1}{2} \int_0^\infty \mathrm{M}^2 \, dt.$$

Quand on observe des effets thermiques, et c'est le cas que nous aurons à envisager plus spécialement dans nos mesures au bolomètre, on doit remplacer, dans l'intégrale, le potentiel φ par l'intensité i du courant.

Pour les effets thermiques, on a donc à considérer l'expression

$$(10) \qquad \mathrm{I}' = \int_0^\infty i^2 \, dt.$$

D'ailleurs, on a

$$i = \mathrm{K} \frac{d\varphi}{dt},$$

en désignant par K un facteur de proportionnalité dépendant du choix des unités.

Comme on a supposé m grand par rapport à n, μ et ν, on voit que la différentiation donne le membre principal

$$i = \mathrm{K} \, m \, \mathrm{M} \cos(mt + m').$$

En substituant à i cette valeur approchée dans l'intégrale

$$\mathrm{I}' = \int_0^\infty i^2 \, dt,$$

on obtient

$$(11) \qquad \mathrm{I}' = \frac{1}{2} \mathrm{K}^2 \, m^2 \int_0^\infty \mathrm{M}^2 \, dt.$$

De sorte que, dans le cas des observations thermiques comme dans le cas des observations électrométriques, tout se réduit au calcul de l'expression

$$\int_0^\infty \mathrm{M}^2 \, dt.$$

On a trouvé

$$M^2 = \frac{\mathcal{A}^2}{16\, m^2 (n^2 + \nu^2)}\, f(T_1,\, T_2,\, T_3).$$

L'intégrale s'obtient aisément en substituant à $\cos 2\,nt$ et $\sin 2\,nt$ leurs valeurs en exponentielles.

On trouve

$$(12) \quad I = \frac{\mathcal{A}^2\,\mu}{32\, m^2 (\mu^2 - \nu^2)(\mu^2 + n^2)}$$
$$\times \left[1 + \frac{\mu + \nu}{m} \sin 2\,a' + \frac{\mu + \nu}{\mu} - \frac{n}{m}(1 + \cos 2\,a') \right]$$

ou

$$I = I_1 + I_1 \left[\frac{\mu + \nu}{m} \sin 2\,a' + \frac{\mu + \nu}{\mu} - \frac{n}{m}(1 + \cos 2\,a') \right].$$

Le facteur entre parenthèses reste toujours inférieur à la valeur maximum

$$\frac{\mu + \nu}{\mu} \left(\sqrt{\frac{\mu^2}{m^2} + \frac{n^2}{m^2}} + \frac{n}{m} \right).$$

Si n et μ sont suffisamment petits par rapport à m, ce facteur sera négligeable, et l'on pourra prendre simplement

$$I = I_1.$$

Nous supposerons que cette condition soit réalisée.

Ce sera à l'expérience de montrer dans quelles limites elle est satisfaite. Nous considérerons donc l'effet *intégral* électrique comme représenté par l'expression

$$I_1 = \frac{\mathcal{A}^2\,\mu}{32\, m^2 (\mu^2 - \nu^2)(\mu^2 + \nu^2)}$$

qui est la partie principale de l'intégrale I.

En revenant aux variables a, b, α, β, il vient

$$(13) \quad I_1 = \frac{\mathcal{A}^2 (\alpha + \beta)}{16\, ab\, \alpha\beta\, \big[(a - b)^2 + (\alpha + \beta)^2\big]},$$

car m^2 peut être considéré comme égal à ab dans les limites d'approximation adoptées.

Si l'on remplace alors a, b, α, β par leurs valeurs en fonction de x, X, γ, δ, on a

$$(14) \qquad I_1 = \left(\frac{\lambda}{8\pi}\right)^2 \frac{x^3 X^3 (\gamma X + \delta x)}{\gamma \delta \left[(\gamma X + \delta x)^2 + 4\pi^2 (x - X)^2 \right]}.$$

Au même degré d'approximation, c'est-à-dire pour

$$m^2 = ab = \frac{4\pi^2}{X x},$$

on peut mettre l'effet thermique sous la forme

$$(15) \qquad I' = K^2 \left(\frac{\lambda_0}{4}\right)^2 \frac{x^2 X^2 (\gamma X + \delta x)}{\gamma \delta \left[(\gamma X + \delta x)^2 + 4\pi^2 (x - X)^2 \right]}.$$

Pour obtenir une relation propre à être utilisée en pratique, on cherchera à réduire le nombre des paramètres.

Remarquons d'abord que, dans les applications, on conservera, en général, invariable l'un des systèmes en présence, le résonateur, par exemple, et l'on fera varier progressivement la période de l'autre système (de l'oscillateur) à partir de la valeur $x = X$.

Alors X et δ auront des valeurs constantes, et x et γ seront fonctions de la variation de période $(x - X)$.

On supposera que cette variation de période est assez faible pour que $(x - X)^2$ soit négligeable vis-à-vis de X^2.

On remplacera λ^2, γ et x^3 par les développements

$$\lambda^2 = \lambda_0^2 + \lambda_1^2 \, \frac{(x - X)}{X},$$

$$\gamma = \gamma_0 + \gamma_1 \, \frac{(x - X)}{X},$$

$$x^3 = X^3 + 3 X_1^2 (x - X),$$

bornés aux termes du premier degré en $(x - X)$.

λ_0, λ_1 ; γ_0, γ_1 ; X, X_1 sont des facteurs constants.

Il est commode d'introduire un paramètre $\omega = \dfrac{\gamma_0 + \delta}{2}$

égal à la valeur moyenne des décréments de l'oscillateur et du résonateur. On verra que ce paramètre peut être fourni par des mesures directes.

De même on posera

$$\varepsilon = \frac{\gamma_1 + \delta}{2}.$$

On supposera que ω est assez petit par rapport à 2π pour que l'on puisse négliger ω^2 vis-à-vis de $(2\pi)^2$.

Avec ces substitutions, l'expression de I_1 prend la forme d'une fraction rationnelle.

Le numérateur est du premier degré en $(x - X)$ et le dénominateur du second degré en $(x - X)$.

$$(16) \quad I'_1 = I'_0 \frac{\omega^2 X^2 - \pi^2 S(x - X)}{\omega^2 X^2 + \pi^2 (x - X)^2 + [2\omega\varepsilon X + \varepsilon^2 (x - X)](x - X)}.$$

Une simplification importante peut encore être apportée à cette expression.

On peut remarquer que le terme

$$[2\omega\varepsilon X + \varepsilon^2 (x - X)](x - X)$$

du dénominateur est d'un ordre de grandeur inférieur à celui des autres termes

$$\omega^2 X^2 + \pi^2 (x - X)^2.$$

On a supposé, en effet, que $(x - X)^2$ est négligeable vis-à-vis de X^2. D'autre part, ε est du même ordre de grandeur que ω.

En négligeant ce terme, ce qui revient à supposer ε nul (ou, en pratique, à considérer que le décrément γ conserve la valeur constante γ_0), on obtiendra une première approximation.

Il vient alors simplement

$$(17) \quad I'_1 = I'_0 \frac{\omega^2 X^2 + \pi^2 S(x - X)}{\omega^2 X^2 + \pi^2 (x - X)^2}.$$

Et, à ce degré d'approximation, l'expression de l'effet thermique est de la même forme.

Nous avons supposé que l'on observait les effets produits dans le résonateur à l'aide du bolomètre, c'est-à-dire à l'aide d'un instrument dont les déviations y sont proportionnelles à I_1'.

Si l'on désigne par Y la valeur de y qui correspond à I_0', on aura

$$(18) \qquad y = Y\,\frac{\omega^2 X^2 + \pi^2 S(x - X)}{\omega^2 X^2 + \pi^2 (x - X)^2}.$$

Si l'on porte en abscisses les périodes x du système variable (l'oscillateur dans l'hypothèse faite ici) et en ordonnées les déviations y, on obtient une courbe remarquable que Bjerknes a nommée *courbe de résonance*.

Fig. 23.

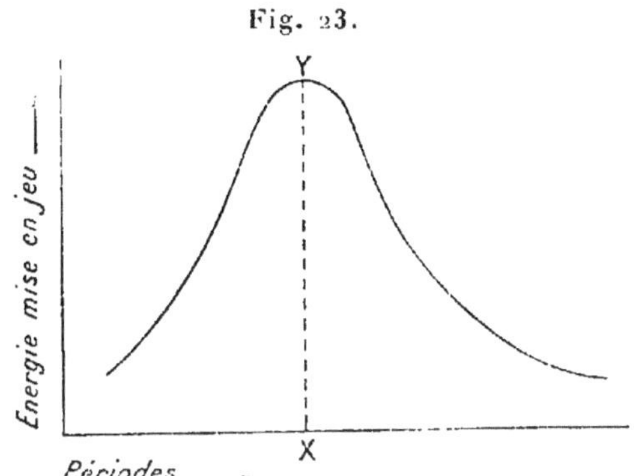

En chassant le dénominateur, on met aisément l'équation sous la forme

$$x^2 y - A xy - B x + C y + D = 0,$$

qui montre que la courbe de résonance est une courbe algébrique du troisième degré.

Cette courbe est une cubique unicursale dont le point double est à l'infini, et qui admet l'axe des x pour asymptote. Elle présente un maximum dans le voisinage de l'abscisse $x = X$.

L'équation de la courbe peut s'écrire, en ordonnant par rapport aux puissances de $(x - X)$,

$$(19) \quad \pi^2 y (x - X)^2 - \pi^2 SY(x - X) + \omega^2 X^2 (y - Y) = 0.$$

Le point

$$x = X,$$
$$y = Y$$

appartient à la courbe.

Il se trouve dans le voisinage du maximum, mais ne coïncide pas en général avec lui.

Bjerknes lui a donné le nom de *point d'isochronisme*.

La substitution $y = Y$ dans l'équation donne la relation

$$(x - X) = S,$$

qui montre que S représente la longueur d'une corde horizontale passant par le point d'isochronisme.

Coupons la courbe par une parallèle à l'axe des x, et désignons par x_1 et x_2 les abscisses des points de rencontre de cette parallèle avec la courbe.

$(x_1 - X)$ et $(x_2 - X)$ sont racines de l'équation

$$\pi^2 y (x - X)^2 - \pi^2 SY (x - X) + \omega^2 X^2 (y - Y) = 0.$$

Et l'on a les relations suivantes entre les coefficients et les racines

$$(20) \qquad \begin{cases} (x_1 - X) + (x_2 - X) = S \dfrac{Y}{y}, \\[2mm] (x_1 - X)\,(x_2 - X) = \dfrac{\omega^2 X^2 (y - Y)}{\pi^2 y}. \end{cases}$$

La quantité $\frac{1}{2}\left[(x_1 - X) + (x_2 - X)\right]$ ou $\frac{x_1 + x_2}{2} - X$ représente la distance entre le milieu de la corde mn et la droite $x = X$ qui est l'ordonnée du *point d'isochronisme*. Si l'on désigne cette distance par ξ, on a

$$\xi y = \frac{SY}{2} = \text{constante.}$$

Ainsi, le lieu des milieux des cordes parallèles à l'axe des x est une hyperbole équilatère.

Les asymptotes de cette hyperbole sont l'axe des x et la droite $\xi = 0$ ou $x = X$.

La corde mn rencontre l'asymptote de l'hyperbole

en un point p. Ce point p divise la corde en 2 segments

$$\overline{mp} = (x_1 - X) = a,$$
$$\overline{pn} = (x_2 - X) = b,$$

en valeur absolue et l'ordonnée du point d'isochronisme en 2 segments

$$pq = y = c,$$
$$pr = (Y - y) = d,$$

en valeur absolue.

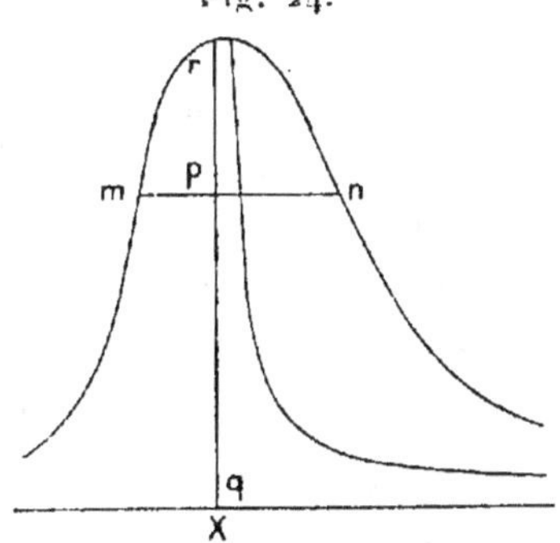

Fig. 24.

La relation

$$(x_1 - X)(x_2 - X) = \frac{\omega^2 X^2 (y - Y)}{\pi^2 y}$$

montre que l'on a

$$\omega^2 = \frac{abc}{d} \frac{\pi^2}{X^2},$$

c'est-à-dire

$$(21) \qquad \omega = \frac{\gamma + \delta}{2} = \frac{\pi}{X} \sqrt{\frac{abc}{d}}.$$

Le tracé graphique d'une courbe de résonance, déterminée expérimentalement par points, permet ainsi d'obtenir la valeur ω, c'est-à-dire la moyenne arithmétique des décréments de l'oscillateur et du résonateur.

L'utilisation de la méthode de la courbe de résonance n'est limitée en principe que par les conditions suivantes :

ω suffisamment petit par rapport à 2π,
$(x - X)$ suffisamment petit par rapport à X.

Bjerknes a donné une théorie plus complète que celle

que nous avons exposée, en calculant les corrections qui résulteraient des termes qui ont été négligés au cours de ce calcul.

Il a établi que l'application de la méthode est légitime et que l'approximation fournie par les relations précédentes est suffisante *lorsque la valeur moyenne des décréments demeure inférieure à* 1.

Cette assertion se trouve confirmée par les recherches récentes de Lagergreen et de Kiebitz.

Le meilleur critérium que l'on puisse avoir de l'exactitude des résultats fournis par la méthode est l'aspect de la courbe déterminée expérimentalement.

Tant que cette courbe n'est pas aplatie au point que la position du maximum soit mal déterminée, le tracé de l'hyperbole demeure net ainsi que celui de l'asymptote, et l'on peut avoir confiance dans les déterminations.

La courbe de résonance fournit simplement $\omega = \dfrac{\gamma + \delta}{2}$. Il est possible d'obtenir les valeurs de γ et δ séparément par une seconde détermination expérimentale.

Supposons que l'on modifie seulement l'un des deux décréments, par exemple δ, en lui donnant une valeur δ_1.

Le tracé d'une nouvelle courbe de résonance avec le résonateur modifié fournira une valeur $\omega_1 = \dfrac{\gamma + \delta_1}{2}$.

La courbe qui a été obtenue avec la valeur δ a donné la valeur $\omega = \dfrac{\gamma + \delta}{2}$.

Pour obtenir une troisième relation entre γ, δ et δ_1, considérons l'expression (15)

$$I' = K^2 \left(\frac{A}{4}\right)^2 \frac{x^2 X^2 (\gamma X + \delta x)}{\gamma \delta [(\gamma X + \delta x)^2 + 4\pi^2 (x - X)^2]},$$

de l'effet thermique *intégral*.

Quand les systèmes se trouvent en résonance, on a $x = X$ et par suite

$$(22) \qquad I' = K^2 \left(\frac{A}{4}\right)^2 \frac{X^3}{\gamma \delta (\gamma + \delta)}$$

ou
$$I'\gamma\delta(\gamma + \delta) = \text{const.}$$

D'ailleurs, si l'on considère la déviation Y qui correspond à la résonance, cette déviation est proportionnelle à I', de sorte que l'on a

$$(23) \qquad Y\gamma\delta(\gamma + \delta) = \text{const.}$$

Pour utiliser cette relation, on opérera les déterminations de ω et de ω_1 en conservant une valeur parfaitement constante à l'intensité des émissions de l'oscillateur et l'on observera les déviations Y et Y_1.

On aura alors

$$(24) \qquad Y\gamma\delta(\gamma + \delta) = Y_1\gamma\delta_1(\gamma + \delta_1).$$

La modification de δ en δ_1 entraîne à la vérité un changement dans la période. Les déterminations ne sont valables que lorsque ce changement est peu important.

Bjerknes a donné d'ailleurs la valeur corrigée Y' que l'on doit introduire dans la relation (cas des mesures thermiques) quand la période X_1 de résonance obtenue avec le résonateur δ_1 diffère de X,

$$Y' = Y_1\left(1 - 3\frac{X_1 - X}{X}\right).$$

On a donc les trois relations suivantes pour déterminer les décréments

$$(25) \qquad \left\{ \begin{array}{l} \gamma + \delta = 2\omega, \\ \gamma + \delta_1 = 2\omega_1, \\ Y\gamma\delta(\gamma + \delta) = Y_1\gamma\delta_1(\gamma + \delta_1). \end{array} \right.$$

Ces relations fournissent les valeurs

$$(26) \qquad \left\{ \begin{array}{l} \gamma = 2\dfrac{Y\omega^2 - Y_1\omega_1^2}{Y\omega - Y_1\omega_1}, \\[2ex] \delta = 2Y_1\omega_1\dfrac{\omega_1 - \omega}{Y\omega - Y_1\omega_1}, \\[2ex] \delta_1 = 2Y\omega\dfrac{\omega_1 - \omega}{Y\omega - Y_1\omega_1}. \end{array} \right.$$

2. — Tracé des courbes de résonance.

Le procédé que nous avons employé pour obtenir la détermination des périodes des antennes fournit immédiatement les éléments qui permettent le tracé des courbes

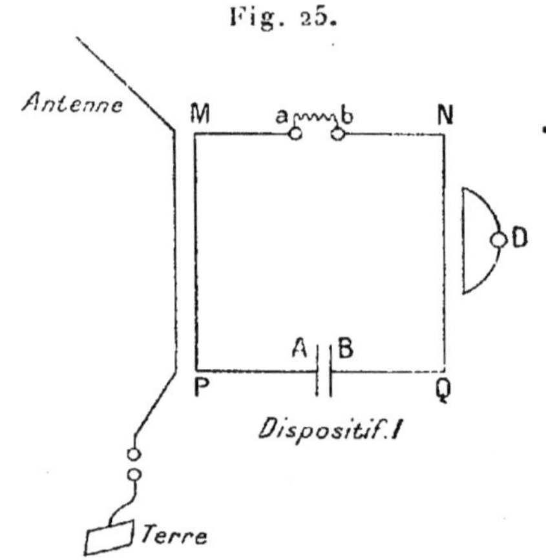

Fig. 25.

de résonance. Un résonateur carré MNPQ (de 70^{cm} de côté en général) est excité par l'antenne disposée parallèlement au côté MP et agit par induction sur un petit circuit fermé distinct qui contient le bolomètre D (dispositif 1). Un condensateur *à lames d'air*, de capacité variable, est intercalé en AB dans le cadre.

Dans un autre dispositif seul pratiquement utilisable à bord des bâtiments, on remplace le bolomètre par un thermique sensible (milli-ampèremètre Hartmann et Brown, ou Carpentier) *directement intercalé* dans le résonateur. Nous verrons que c'est ce dernier dispositif, qui se rapproche davantage des conditions que suppose la théorie de Bjerknes, qui convient le mieux aux déterminations des amortissements.

Mais le premier, qui est beaucoup plus sensible, est susceptible d'être utilisé à grande distance et permet d'obtenir certains renseignements intéressants.

Dans tous les cas, on conserve l'émission rigoureusement constante (résultat assez facile à obtenir pour des

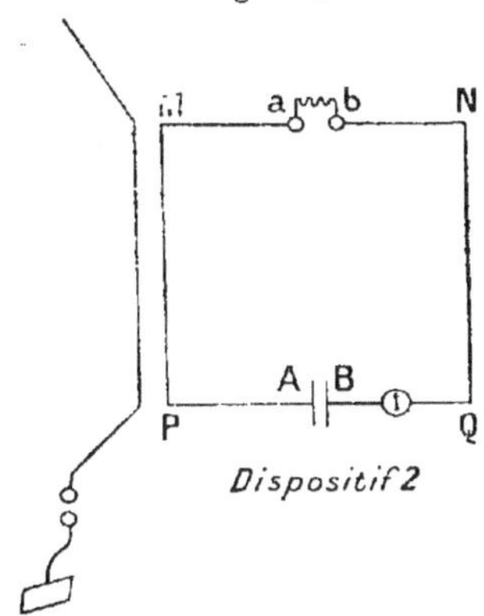

Fig. 26.

étincelles modérées avec l'interrupteur atonique Carpentier ou l'oscillant Rochefort), on fait varier progressivement la capacité du condensateur, et l'on note les déviations
de l'instrument de mesure.

Pour tracer la courbe de résonance, on porte en
abscisses les *racines carrées* des capacités, qui sont proportionnelles aux périodes, et en ordonnées les *déviations*
du bolomètre, ou les *carrés* des lectures du thermique.

Si nous désignons par γ le décrément de l'antenne, par δ
le décrément du résonateur, l'application de la méthode
de Bjerknes donne

$$\omega = \frac{\gamma + \delta}{2}.$$

Pour le calcul de ω par la relation

$$\omega = \frac{\pi}{X} \sqrt{\frac{abc}{d}},$$

on a toujours pris

$$\frac{c}{d} = 2,$$

de manière à utiliser la partie de la courbe de résonance
voisine du sommet. a, b et X sont évalués en une même

unité arbitraire, c'est-à-dire en fonction de l'échelle des abscisses, ou $\sqrt{c}$.

Les courbes obtenues (nous en avons relevé plus d'une cinquantaine) présentent toujours une grande régularité, aussi bien avec le bolomètre qu'avec le thermique.

Nous donnons, à titre d'exemple, la reproduction de quelques-unes de ces courbes. On voit que le maximum est très net et la branche hyperbolique bien marquée (¹).

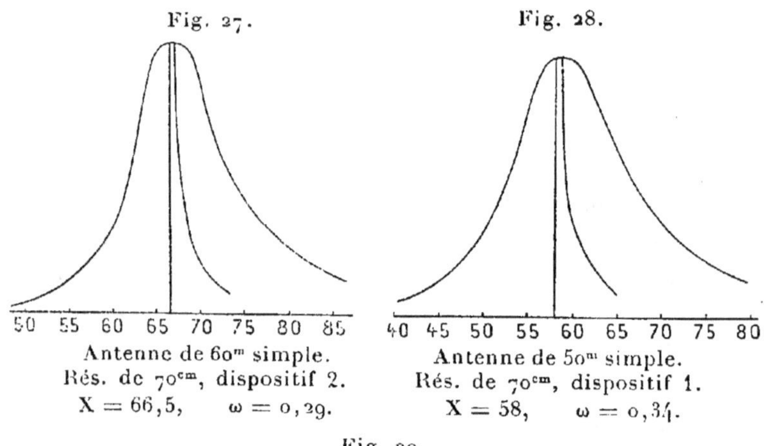

Fig. 27.

Antenne de 60ᵐ simple.
Rés. de 70ᶜᵐ, dispositif 2.
X = 66,5,   ω = 0,29.

Fig. 28.

Antenne de 50ᵐ simple.
Rés. de 70ᶜᵐ, dispositif 1.
X = 58,   ω = 0,34.

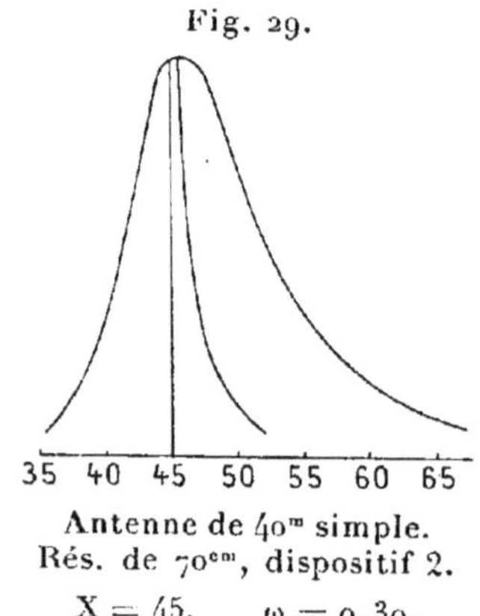

Fig. 29.

Antenne de 40ᵐ simple.
Rés. de 70ᶜᵐ, dispositif 2.
X = 45,   ω = 0,39.

(¹) La figure 24 est la reproduction exacte d'une courbe relevée expérimentalement.

3. — VALEURS DES ω.

La comparaison des valeurs de ω que l'on obtient avec le même résonateur pour différentes antennes est susceptible de fournir des renseignements généraux très nets sur les amortissements respectifs des divers systèmes.

Dans les postes à terre, les valeurs que l'on obtient pour une même antenne ne sont pas constantes.

Nous reviendrons plus loin sur les caractères de cette variabilité et nous en rechercherons les causes principales.

Toutefois, comme les valeurs oscillent autour d'une moyenne, et que les écarts sont peu considérables, c'est la valeur moyenne que nous considérerons d'abord.

Une série de mesures exécutées à différentes époques dans un même poste (Le Parc-au-Duc) et échelonnées sur un intervalle de 6 mois, a fourni, avec le même résonateur de 70^{cm} et pour une antenne *simple* de 42^m, des valeurs de ω comprises entre

$$\omega = 0,35 \quad \text{et} \quad \omega = 0,44,$$

soit une valeur moyenne

$$\omega = 0,39$$

avec le dispositif 1.

Avec le résonateur de 70^{cm} et le thermique (dispositif 2), on a obtenu des valeurs comprises entre

$$\omega = 0,31 \quad \text{et} \quad \omega = 0,39,$$

soit une valeur moyenne

$$\omega = 0,35.$$

Les antennes simples de différentes longueurs donnent toutes des valeurs comprises dans les mêmes limites.

Pour les antennes à branches multiples, on trouve des valeurs de ω notablement plus fortes.

Ces valeurs sont, d'ailleurs, sensiblement les mêmes avec nos dispositifs 1 et 2.

T.   9

On trouve, par exemple, dispositif 1 :

Antenne simple de 42^m...................... $\omega = 0,38$
Antenne multiple de 42^m à 4 branches...... $\omega = 0,54$

De même, pour deux antennes de 60^m de longueur :

Antenne simple de 60^m...................... $\omega = 0,37$
Antenne multiple de 60^m à 4 branches...... $\omega = 0,47$

L'aspect des **courbes de résonance** est très caractéristique.

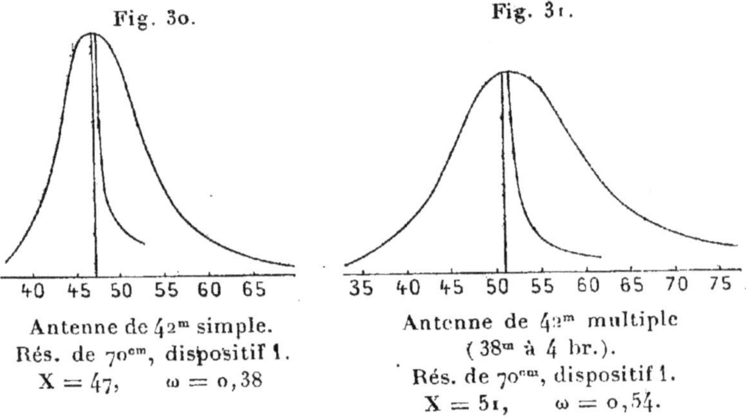

<table>
<tr><td>Fig. 30.</td><td>Fig. 31.</td></tr>
<tr><td>Antenne de 42^m simple.
Rés. de 70^{cm}, dispositif 1.
X = 47, $\omega = 0,38$</td><td>Antenne de 42^m multiple
(38^m à 4 br.).
Rés. de 70^{cm}, dispositif 1.
X = 51, $\omega = 0,54$.</td></tr>
</table>

La courbe s'aplatit visiblement quand on passe de l'antenne simple à l'antenne multiple.

Cet aplatissement, traduit numériquement par l'accroissement de la valeur de ω, montre que l'amortissement est plus grand pour les antennes multiples que
pour les antennes simples.

Les valeurs de ω sont encore plus considérables quand
on augmente le nombre des branches ou que l'on fait
croître leur écart.

Ainsi, pour des antennes de même longueur totale 42^m,
on trouve (¹) :

(¹) Ces valeurs ont été obtenues avec une prise de terre de 1^{m2}; on
verra plus loin l'importance de cette remarque. La circonstance n'avait
pas tout d'abord attiré notre attention.

Antenne simple.................................... $\omega = 0,38$
  »   multiple à 4 branches, 1^m d'écart.......... $\omega = 0,53$
  »   »   4   » 2^m »   .... $\omega = 0,58$
  »   »   6   » 1^m de diamètre...... $\omega = 0,63$

Dans les postes des bâtiments, on trouve aussi des valeurs respectives de ω plus grandes pour les antennes multiples que pour les antennes simples, mais les valeurs ω sont toujours notablement plus faibles que dans les postes à terre.

Voici, par exemple, quelques valeurs obtenues dans ces conditions pour des antennes *simples* avec le dispositif **2** et le résonateur de 70^{cm} :

Sur le Jauréguiberry :
Antenne simple de 42^m .... $\omega = 0,22$

Sur le Formidable :
Antenne simple de 43^m .... $\omega = 0,18$

La diminution des valeurs de ω se traduit par la forme plus pointue des courbes de résonance.

Nous mettons en regard une courbe de l'antenne simple de 43^m relevée à terre, puis à bord du *Formidable* avec le même dispositif) :

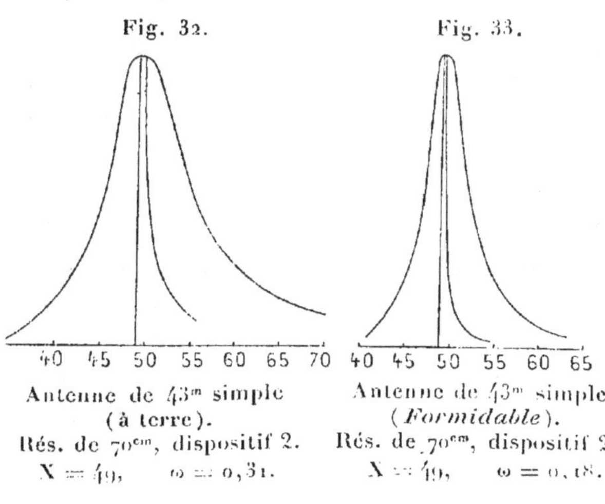

Antenne de 43^m simple
(à terre).
Rés. de 70^{cm}, dispositif 2.
$X = 49$, $\omega = 0,31$.

Antenne de 43^m simple
(*Formidable*).
Rés. de 70^{cm}, dispositif 2.
$X = 49$, $\omega = 0,18$.

Les valeurs de ω varient parfois d'un bâtiment à l'autre, mais présentent une grande constance pour le même bâtiment.

Les différences que l'on observe sur le même bâtiment entre les valeurs ω qui correspondent respectivement à une antenne simple et à une antenne multiple, sont de même sens que dans les postes à terre.

Ainsi, on trouve :

Sur le Henri-IV :

Antenne simple de 54^m...................... $\omega = 0,175$
Antenne multiple de 54^m à 4 branches..... $\omega = 0,23$

Sur le Formidable :

Antenne simple de 43^m...................... $\omega = 0,18$
Antenne multiple de 43^m à 4 branches....... $\omega = 0,24$

4. — DÉTERMINATION DES DÉCRÉMENTS LOGARITHMIQUES.

Afin de déterminer les valeurs des γ, nous avons employé plusieurs procédés différents susceptibles de se contrôler mutuellement.

1° Emploi successif de deux résonateurs d'amortissements différents.

Pour modifier le décrément du résonateur, nous avons pris d'abord un résonateur en fil de *maillechort* géométriquement identique au résonateur ordinaire en fil de cuivre. Certains auteurs ont employé pour le même objet des résonateurs en fil de fer.

Outre que l'emploi du fer donne des courbes beaucoup trop aplaties qui rendent les déterminations incertaines, les phénomènes magnétiques complexes qui entrent en jeu peuvent être de nature à modifier les indications.

Le maillechort présente cependant un inconvénient.

La résistivité n'est pas assez grande pour amener une variation notable du décrément. De sorte que les courbes obtenues avec le maillechort se rapprochent trop des courbes données par le cuivre pour pouvoir fournir des déterminations précises.

Il y a intérêt par ailleurs à pouvoir modifier plus ou moins, selon les cas, le décrément du résonateur.

Nous avons obtenu très simplement ce résultat en conservant le même résonateur et en intercalant dans le cadre même une résistance non inductive constituée par un bout de fil fin de platine de 25^{μ} de diamètre et de $0^{cm},5$ à 1^{cm} de longueur. (Les fils fins que nous avons utilisés pour la construction des bolomètres conviennent admirablement à cet emploi.)

Ces bouts de fils, qui présentent une résistance de $0^{\omega},8$ à 2^{ω}, sont disposés dans une sorte de petit étui demi-cylindrique de laiton mince qui les protège.

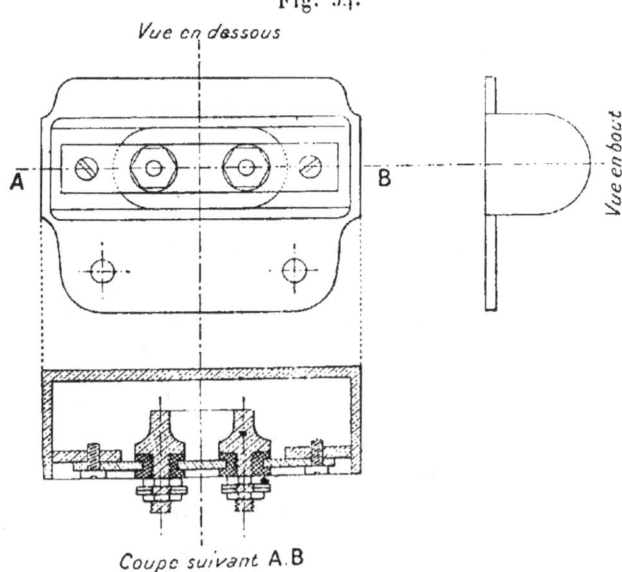

Fig. 34.

Ils sont soudés à deux bornes qui permettent de les intercaler en ab dans le résonateur.

L'introduction de pareilles résistances accroît le décrément du résonateur, mais n'en modifie pas la self-induction d'une manière appréciable.

Dans tous les cas, on trace deux courbes de résonance pour la même antenne, en conservant l'émission bien constante. La première, que l'on obtient en fermant le résonateur en *ab* par un bout de fil de cuivre, donne

$$2\omega = \gamma + \delta.$$

La seconde, que l'on obtient avec le résonateur de maillechort ou bien en intercalant en *ab* la résistance ρ de platine fin, donne

$$2\omega_1 = \gamma + \delta_1.$$

Le tracé des deux courbes fournit aussi le rapport $\dfrac{Y}{Y_1}$ des ordonnées *d'isochronisme*.

A l'aide de la relation de Bjerknes

$$Y\omega\delta = Y_1\omega_1\delta_1,$$

on calcule

$$\gamma = 2\,\frac{\dfrac{Y}{Y_1}\omega^2 - \omega_1^2}{\dfrac{Y}{Y_1}\omega - \omega_1}.$$

Les différences que nous avons signalées dans les valeurs des ω se retrouvent dans les valeurs des γ quand on les détermine dans les postes à terre ou à bord des bâtiments. Nous avons d'abord employé deux résonateurs *identiques*, l'un de cuivre, l'autre de maillechort, et observé au bolomètre, pour obtenir les valeurs de ω et ω_1 susceptibles de permettre le calcul de γ.

Nous donnons deux des courbes ainsi obtenues pour une antenne simple de 42^m avec deux résonateurs identiques de 70^{cm} et pour une antenne multiple de 42^m avec 2 résonateurs identiques de 50^{cm}.

Toutes les courbes relevées sont analogues et fournissent les valeurs suivantes :

Antennes.	a.	b.	X.	ω.	a_1.	b_1.	X_1.	ω_1.	$\dfrac{Y}{Y_1}$.	$\dfrac{\gamma}{2}$.
simple s. de 50ᶜᵐ	4,5	7,0	55	0,44	4,25	10	54,5	0,53	2,20	0,34
simple . de 70ᶜᵐ	4,25	8	60	0,43	5,0	9,0	59,5	0,51	2,20	0,33
simple . de 70ᶜᵐ	4	8,25	67,5	0,38	7,25	12,5	67	0,445	2,18	0,31
multiple (4 br.) s. de 50ᶜᵐ	6,0	9,0	59	0,55	5,25	13,5	57,5	0,65	2,20	0,43
multiple (4 br.) s. de 70ᶜᵐ	4,25	8,0	53	0,49	5,25	8,75	52,5	0,575	2,20	0,40
multiple (à 4 br.) s. de 70ᶜᵐ	6	12	74	0,51	7,25	13,5	73,5	0,60	2,0	0,38

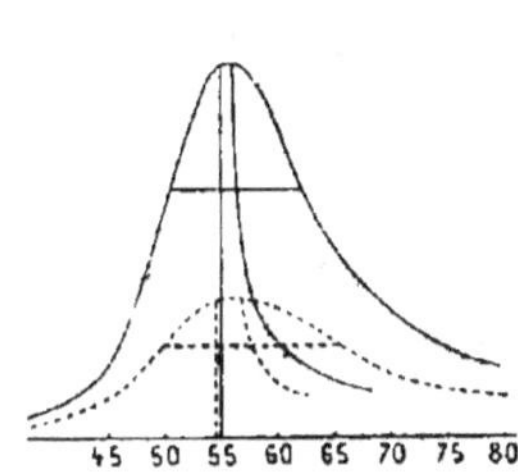

Fig. 35.

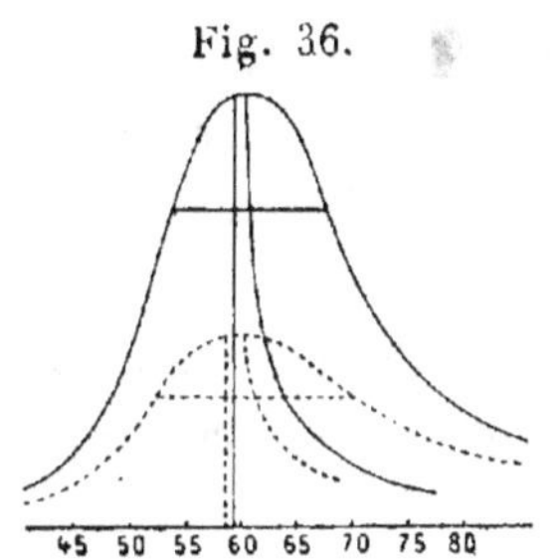

Fig. 36.

Antenne de $42^m,20$ simple (à terre).
Rés. de 50ᶜᵐ
cuivre et maillechort, dispositif 1.
$X = 55$, $\omega = 0,44$, $\omega_1 = 0,53$.

Antenne de $42^m,20$ multiple.
Rés. de 50ᶜᵐ
cuivre et maillechort, disp. 1.
$X = 59$, $\omega = 0,55$, $\omega_1 = 0,65$.

Dans l'application de la méthode à bord des bâtiments,
nous devions nécessairement faire usage du dispositif (2),
l'emploi du bolomètre n'étant pas pratique.

Comme nous trouvions des valeurs de γ toujours bien
plus faibles qu'à terre, nous avions pensé tout d'abord
que la différence pouvait tenir à une application incorrecte de la méthode de Bjerknes dans l'emploi du dispositif (1).

Cette méthode suppose essentiellement, en effet, que

l'appareil détecteur donne la mesure de la totalité de l'énergie mise en jeu dans le résonateur.

Nous avons donc repris, avec le dispositif (2), toutes les déterminations à terre.

En fait, les valeurs que nous avons obtenues avec les deux dispositifs sont peu différentes ([1]).

Néanmoins, comme l'emploi du dispositif (1) peut prêter à des objections, nous insisterons de préférence sur les valeurs fournies par le dispositif (2), c'est-à-dire avec le thermique intercalé dans le résonateur même.

Pour toutes les déterminations faites avec le dispositif (2), le résonateur de maillechort a été remplacé par le résonateur *cuivre* muni de la résistance auxiliaire non inductive ρ en fil fin de platine.

Nous ne jugeons pas utile de reproduire les séries des valeurs a, b, c, relevées sur les courbes, et nous donnons seulement les valeurs ω et ω_1 avec les valeurs correspondantes des γ.

Les valeurs de ω_1 ont été obtenues avec des résistances ρ différentes et répondent à différentes valeurs des rapports $\dfrac{Y}{Y_1}$.

OBSERVATIONS A TERRE [(DISPOSITIF (2)].

Résonateur de 70^{cm} *sans résistance* et avec *résistance* ρ.

1° *Antennes simples* (fil de $0^{cm},3$ à $0^{cm},4$ de diamètre).

Antennes.	ω.	ω_1.	$\dfrac{Y}{Y_1}$.	$\dfrac{Y}{2}$.
40^{m}	0,39	0,45	2,35	0,33
40	0,36	0,41	2,2	0,31
42	0,33	0,38	2,4	0,29
50	0,30	0,40	4,5	0,28
52	0,29	0,34	2,35	0,25
52	0,34	0,39	2,1	0,28
60	0,30	0,42	5,2	0,26
60	0,31	0,36	2,2	0,26

([1]) Un peu plus faibles cependant avec le dispositif (2).

2° *Antennes multiples de même forme.*

Longueur totale.	Partie simple.	Partie multiple.	$\omega.$	$\omega_1.$	$\dfrac{Y}{Y_1}.$	$\dfrac{\gamma}{2}.$
40^m	2^m	38^m, 4 br. (1^m d'écart)	0,53	0,62	2,1	0,42
42	4	38^m, 4 br. (1^m d'écart)	0,49	0,59	2,5	0,39
42	4	38^m, 4 br. (1^m d'écart)	0,50	0,56	2,0	0,41
52	2	50^m, 4 br. (1^m d'écart)	0,46	0,49	2,1	0,39
52	2	50^m, 4 br. (1^m d'écart)	0,45	0,55	2,8	0,36
60	10	50^m, 4 br. (1^m d'écart)	0,47	0,53	2,0	0,38
60	10	50^m, 4 br. (1^m d'écart)	0,44	0,55	2,6	0,35

3° *Antennes de différentes formes.*

Longueur totale.	Partie multiple.	$\omega.$	$\omega_1.$	$\dfrac{Y}{Y_1}.$	$\dfrac{\gamma}{2}.$
42^m	38^m à 4 br. (2^m d'écart)	0,58	0,67	2,5	0,50
42	cylindrique 38 à 6 br. 1^m de diamètre	0,63	0,75	2,7	0,52
42	38^m à 2 br. distantes de 5^m au sommet	0,43	0,52	2,6	0,35
42	38^m à 6 br. dans le même plan, en éventail	0,60	0,70	2,5	0,51

Les conclusions générales qui se dégagent de ces résultats sont les mêmes que celles que nous avait fournies la simple comparaison des ω obtenus avec le même résonateur.

L'amortissement est notablement plus faible pour les antennes filiformes simples que pour les antennes multiples.

L'amortissement croît avec le nombre des branches et avec l'écartement de ces branches.

L'amortissement décroît quand le rapport de la longueur au diamètre augmente.

Bien que le fait ne soit pas très apparent pour les antennes simples à cause des variations *accidentelles* dont nous avons déjà parlé et sur lesquelles nous reviendrons, il ressort nettement de la comparaison des valeurs moyennes et principalement de celles qui ont été obtenues avec les antennes multiples de même forme (homogènes).

Dans les conditions des expériences (*observations à terre*) on peut attribuer aux décréments les valeurs moyennes suivantes :

$$
\begin{array}{llll}
\text{Antenne simple} & \text{de } 60^{m} \ldots\ldots & \gamma = 2.0,26 = 0,52 \\
\text{\quad » \quad simple} & \text{de } 50 \ldots\ldots & \gamma = 2.0,27 = 0,54 \\
\text{\quad » \quad simple} & \text{de } 40 \ldots\ldots & \gamma = 2.0,31 = 0,62 \\
\text{\quad » \quad multiple de } 60 \text{ à } 4 \text{ br.} & \gamma = 2.0,36 = 0,72 \\
\text{\quad » \quad multiple de } 50 \text{ à } 4 \text{ br.} & \gamma = 2.0,37 = 0,74 \\
\text{\quad » \quad multiple de } 40 \text{ à } 4 \text{ br.} & \gamma = 2.0,40 = 0,80
\end{array}
$$

que nous reproduisons afin de faire ressortir la diminution progressive du décrément qui résulte de l'*allongement* de l'antenne.

Nous avons retrouvé, à bord des bâtiments, dans les valeurs des γ, des différences analogues à celles que nous avaient fournies les ω, c'est-à-dire des valeurs beaucoup plus faibles qu'à terre.

OBSERVATIONS A BORD DES BATIMENTS.

1° *Antennes simples.*

Longueur d'antenne.	Poste.	ω.	ω_1.	$\dfrac{Y}{Y_1}$.	$\dfrac{\gamma}{2}$.
54^{m}	*Masséna*	0,28	0,34	2,2	0,20
42	*Jauréguiberry*	0,22	0,26	1,8	0,14 (*a*)
42	*Jauréguiberry*	0,26	0,31	1,73	0,15
42	*Formidable*	0,18	0,22	2,3	0,13
50	*Henri-IV*	0,175	0,26	4,0	0,13
60	*Formidable*	0,175	0,21	2,1	0,125

2° *Antennes multiples.*

Longueur totale d'antenne.	Partie multiple.	Poste.	ω.	ω_1.	$\dfrac{Y}{Y_1}$.	$\dfrac{\gamma}{2}$.
54^m	27^m à 4 br. (écart 1^m)	*Masséna*	0,34	0,39	1,75	0,24
42	38^m à 4 br. (écart 1^m)	*Formidable*	0,24	0,28	2,0	0,185
50	44^m à 4 br. (écart 1^m)	*Henri-IV*	0,24	0,34	3,5	0,172
59	44^m à 4 br. (écart 1^m)	*Henri-IV*	0,21	0,39	9,8	0,166
56	37^m à 4 br. (écart 1^m)	*Gloire*	0,21	0,38	10	0,173

Les amortissements sont toujours notablement plus faibles à bord des bâtiments que dans un poste à terre.

Le rapport des décréments relatifs à des antennes simples et multiples identiques paraît un peu plus grand à bord des bâtiments qu'à terre.

Si l'on compare, par exemple, les valeurs obtenues sur le *Formidable* et à terre pour des antennes de 42^m simples et à quatre branches, on a :

Sur le bâtiment,

$$\frac{\gamma \text{ multiple}}{\gamma \text{ simple}} = \frac{0,185}{0,13} = 1,42;$$

A terre,

$$\frac{\gamma \text{ multiple}}{\gamma \text{ simple}} = \frac{0,40}{0,31} = 1,29.$$

Il y a lieu de noter deux circonstances intéressantes :

1° Les déterminations opérées sur un même bâtiment présentent un très grand caractère de constance ;

2° Les valeurs obtenues sur les différents bâtiments sont sensiblement identiques (exception faite pour le *Masséna* par suite de circonstances spéciales).

La valeur moyenne du décrément à bord des bâtiments pour des antennes de 40^m à 50^m de longueur est de $\gamma = 0,26$

à $\gamma = 0,28$ pour les antennes simples et de $\gamma = 0,34$ à $0,36$ pour les antennes multiples à quatre branches.

Remarque. — Tous les résultats qui précèdent se rapportent au cas où l'on conserve l'antenne d'émission, c'est-à-dire l'oscillateur fixe, et où l'on fait varier la capacité du résonateur.

Nous avons opéré aussi un certain nombre de déterminations en conservant les éléments du résonateur *invariables,* c'est-à-dire en attribuant à la capacité une valeur arbitraire déterminée et faisant varier progressivement la longueur de l'antenne. Nous n'insisterons pas sur ces expériences. Les valeurs trouvées sont sensiblement identiques à celles qui ont été obtenues par l'autre procédé qui paraît comporter plus de rigueur.

On voit que la courbe ci-jointe, qui a été obtenue avec *résonateur invariable* en portant comme abscisses les longueurs de l'antenne simple *variable,* est tout à fait analogue aux précédentes. (Mais la branche hyperbolique est dirigée en sens inverse.)

<table>
<tr><td align="center">Fig. 37.</td><td align="center">Fig. 38.</td></tr>
<tr><td align="center">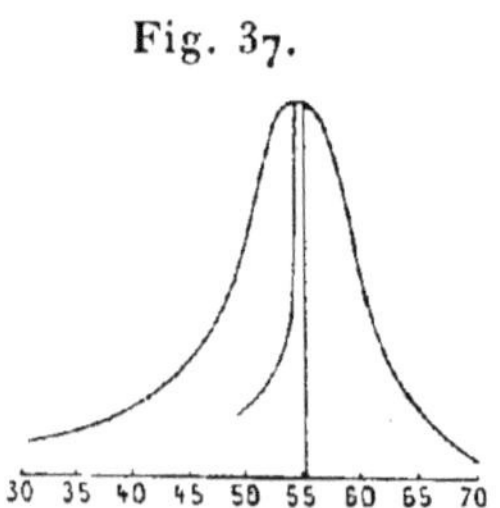</td><td align="center">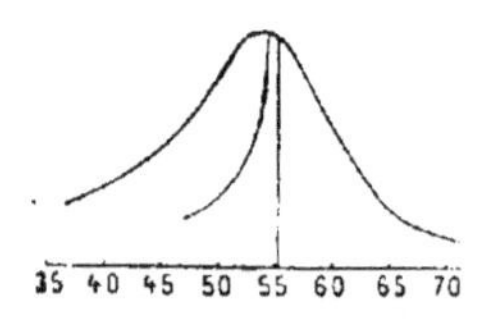</td></tr>
<tr><td align="center">Antenne simple variable.
Résonateur invariable de 70^{cm}
avec $C = 3360^{cm}$
(sans résistance intercalaire)
$X = 55,4,$ $\omega = 0,35.$</td><td align="center">Antenne simple variable.
Résonateur invariable de 70^{cm}
avec $C = 3360^{cm}$
(résistance intercalaire $\rho = 2^{\omega}$)
$X = 55,4,$ $\omega_1 = 0,45.$</td></tr>
</table>

On a porté en abscisses les *longueurs* de l'antenne variable au lieu des $\sqrt{C}$.

5. — OBSERVATION DE LA RÉSONANCE SUR UNE ANTENNE RÉCEPTRICE.

Les résultats qui précèdent conduisent à cette conclusion que l'amortissement a une valeur environ deux fois plus grande à terre qu'à bord des bâtiments pour des antennes identiques.

Nous ne pouvions accepter le fait sans contrôle.

Nous avons donc appliqué la méthode de la courbe de résonance dans des conditions notablement différentes. Les observations directes de résonance des antennes à distance, avec le bolomètre intercalé dans l'antenne réceptrice, sont susceptibles de fournir les éléments voulus pour le calcul de l'amortissement.

Supposons, par exemple, que l'on produise des émissions avec une antenne invariable A.

On reçoit ces émissions au bolomètre sur une antenne B dont on fait varier progressivement la longueur.

En portant en abscisses les longueurs de l'antenne réceptrice, en ordonnées les déviations du bolomètre, on obtient une courbe de résonance qui donne la valeur

$$\omega_1 = \frac{\gamma + \gamma'}{2},$$

γ décrément de l'antenne d'émission ;
γ' décrément de l'antenne réceptrice.

Un même résonateur, d'amortissement δ, transporté successivement à terre et à bord permet d'obtenir

$$\omega = \frac{\gamma + \delta}{2}, \qquad \omega' = \frac{\gamma' + \delta}{2} ;$$

c'est-à-dire

$$\frac{\gamma' - \gamma}{2} = \omega' - \omega.$$

Et l'on peut déterminer ainsi γ et γ'.

L'application du procédé est assez délicate.

Dans les observations qui ont été exposées au sujet des recherches sur les conditions générales de résonance des systèmes d'antennes, on se bornait à fixer la position d'un maximum.

On s'efforçait bien de maintenir les émissions aussi constantes que possible pendant la durée des mesures, mais ces émissions pouvaient sans grand inconvénient subir quelques variations.

Il suffisait, en effet, de ranger les déviations successives du bolomètre par ordre de grandeurs croissantes ou décroissantes.

Pour pouvoir obtenir un tracé tant soit peu exact de la courbe de résonance, il importe au contraire de connaître avec précision le rapport des valeurs de l'énergie mise en jeu dans l'antenne réceptrice quand on donne à cette antenne différentes longueurs.

La difficulté provient de ce que l'observation de la résonance à distance exige l'emploi d'étincelles assez fortes toujours malaisées à maintenir absolument régulières pendant la durée d'une expérience de longue haleine.

Nous opérions à une distance de 1800^m à 2000^m environ.

Pour observer à cette distance l'accord de systèmes d'antennes au bolomètre, nous aurions pu faire usage d'étincelles relativement faibles. Mais la détermination de la courbe de résonance suppose que l'on s'écarte suffisamment des conditions d'accord pour que le tracé ne présente pas d'indécision.

Nous avons donc opéré en principe avec les mêmes précautions que pour la détermination du régime de l'antenne réceptrice par déplacement du bolomètre le long de l'antenne, et avec des étincelles relativement fortes (de 40^{mm}). La bobine qui fournissait les émissions était alimentée par une batterie d'accumulateurs spécialement installée pour cet objet sur un bâtiment.

L'interrupteur était l'interrupteur oscillant dont nous avons déjà fait ressortir la régularité.

Enfin, pour pouvoir contrôler la constance des émissions, un second bolomètre était disposé au poste récepteur sur une antenne de longueur invariable.

Nous avons choisi comme antenne d'émission A une antenne simple de 42^m de longueur. Cette antenne faisait un coude assez prononcé et présentait une portion d'une vingtaine de mètres à l'inclinaison de $45°$.

L'antenne réceptrice B était quasi-verticale : on faisait varier sa longueur de 2^m en 2^m, depuis 15^m jusqu'à 65^m.

Le second bolomètre était intercalé dans une antenne B' simple, d'une quarantaine de mètres de longueur, distante de 6^m à 8^m de l'antenne variable.

Nous observions d'abord simultanément les déviations des deux bolomètres. Mais nous nous sommes aperçu que les déviations du bolomètre de l'antenne B' subissaient des variations (indépendantes de l'émission) du seul fait du changement de la longueur de l'antenne B.

Le contrôle sur lequel nous comptions ne pouvait donc avoir lieu, du moins sous cette forme.

Il était d'ailleurs intéressant de vérifier le fait de la réaction des antennes réceptrices l'une sur l'autre. Cette action n'est pas douteuse.

Nous avons laissé l'antenne B' fixe à la longueur de 42^m (celle de l'antenne d'émission) et donné à l'antenne variable B différentes longueurs.

Pendant une même série de 10 émissions successives on relie l'antenne B' à la terre ou on l'isole en intervertissant les observations.

On obtient ainsi :

Longueur de l'antenne B.	Déviations du bolomètre sur l'antenne B.	
	B' étant isolé.	B' étant à la terre.
62^m	7,5	6
57	11	8
52	16	11
47	30	22
42	70	56

Quand on supprime complètement l'antenne B′, les déviations, sur l'antenne B, conservent sensiblement les mêmes valeurs que lorsque l'antenne B′, étant en place, reste isolée.

D'une manière générale, on voit que les déviations de l'antenne B sont réduites quand il existe, dans le voisinage de cette antenne, une autre antenne B′ reliée à la terre ([1]).

Les réactions doivent être d'ailleurs assez complexes quand on fait varier indépendamment les longueurs des antennes B et B′, c'est-à-dire que l'on modifie leurs conditions respectives d'accord, soit entre elles, soit avec l'émission.

Le phénomène mériterait une étude spéciale.

Pour l'objet présent, il suffit de constater que les déviations des bolomètres B ou B′ ne sont pas sensiblement influencées par l'autre antenne quand cette antenne est isolée.

On peut alors opérer le contrôle des émissions de la manière suivante :

Pour chaque valeur de la longueur de l'antenne variable B, on observe au même bolomètre successivement les déviations qui correspondent à une série de 10 émissions, en substituant à tour de rôle l'antenne B′ à l'antenne B, et maintenant isolée chaque fois l'antenne qui n'est pas utilisée.

Le Tableau suivant, qui a été ainsi obtenu, montre qu'il s'est produit au cours des mesures des variations accidentelles d'émissions traduites par les déviations inégales relevées sur l'antenne B′.

([1]) Des expériences exécutées à Ouessant en 1901 nous avaient déjà montré l'action qu'exercent l'une sur l'autre deux antennes voisines. Deux récepteurs à cohéreurs étaient montés respectivement sur deux antennes identiques indépendantes. Quand l'une des antennes était maintenue isolée, la réception s'effectuait très régulièrement par l'autre, tandis qu'elle devenait défectueuse de chaque côté quand on essayait d'utiliser à la fois les deux antennes.

Bien que ces variations ne soient pas assez considérables pour modifier la position du maximum, elles seraient susceptibles d'altérer la forme de la courbe de résonance. Mais la présente observation permet d'en tenir compte. Les déviations obtenues avec l'antenne fixe B′ doivent être considérées comme proportionnelles à l'énergie émise. On peut alors corriger les déviations de l'antenne B et les ramener à la valeur qui correspondrait à une déviation invariable de l'antenne B′, c'est-à-dire à une émission constante.

Dans la troisième colonne, on a inscrit ces déviations *rectifiées,* c'est-à-dire les déviations qu'on aurait obtenues sur l'antenne variable, si les déviations de l'antenne fixe avaient conservé la valeur constante $\delta = 50$.

Émissions directes par antenne simple de 42^m (*Jauréguiberry*). Réception sur antenne variable. Bolomètre W_3. Distance de 1800^m.

Longueurs de l'antenne variable B de réception.	(1) Déviations antenne B variable.	(2) Déviations antenne B′ fixe.	(3) Déviations rectifiées antenne B variable.
m			
17.........	2	50	2
22.........	3	60	2,5
27.........	4	55	3,6
32.........	12	60	10
37.........	38	50	38
40.........	75	53	71
42.........	98	58	85
44.........	.83	55	75
47.........	50	62,5	40
52.........	24	60	20
57.........	15,5	65	12
62.........	9,5	51	8,5

La courbe de résonance que nous reproduisons a été obtenue à l'aide des valeurs de la troisième colonne.

On peut noter que le maximum, qui est ici déterminé

T.

avec beaucoup de soin, correspond *exactement* à l'égalité de longueur des antennes d'émission et de réception.

Or, tandis que l'antenne de réception est *verticale,* l'antenne d'émission présente une *inclinaison notable.*

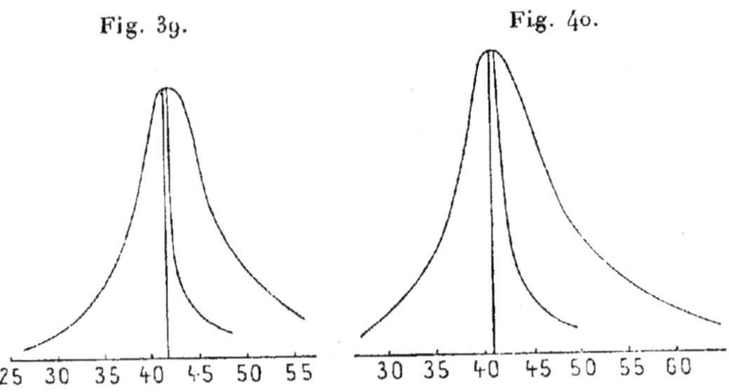

Fig. 39.   Fig. 40.

Antenne d'émission fixe de 42^m.   Antenne d'émission fixe de 42^m.
Antenne de réception variable.   Antenne de réception variable.
$X = 41,5,$ $\omega_1 = 0,36.$ $X = 41,$ $\omega_1 = 0,43.$

On a porté en abscisses les longueurs de l'antenne simple variable.

La courbe ci-jointe fournit pour ω_1 la valeur $\omega_1 = 0,36$. Deux autres déterminations de courbes ont été faites dans des conditions identiques, à plusieurs jours de distance.

Elles ont donné :

$$\omega_1 = 0,38 \qquad \text{et} \qquad \omega_1 = 0,43 \qquad [\text{courbe } (18)].$$

On peut donc admettre la valeur $\omega_1 = 0,39$ pour la moyenne des décréments de l'antenne simple d'émission, et de l'antenne simple de réception, de 42^m.

On a opéré la détermination de $\omega = \dfrac{\gamma + \delta}{2}$ et $\omega' = \dfrac{\gamma' + \delta}{2}$, en relevant, avec le même résonateur de 70^{cm} et le thermique, deux courbes de résonance à bord du bâtiment, et à terre.

On a ainsi obtenu le système de valeurs :

$$\gamma + \gamma' = 2.0,39 = 0,78,$$
$$\gamma + \delta = 2.0,22 = 0,44 \quad (a) \text{ dans le Tableau des bâtiments,}$$
$$\gamma' + \delta = 2.0,33 = 0,66 \quad (b) \text{ dans le Tableau } à \text{ terre,}$$

qui fournissent :

$$\gamma = 0,28,$$
$$\gamma' = 0,50.$$

La valeur $\gamma = 0,28$ est précisément celle que l'on a trouvée en (a) pour le bâtiment.

À terre, on a trouvé en (b) une valeur $\gamma' = 2.0,29 = 0,58$ un peu plus forte, mais de même ordre de grandeur.

Il paraît donc bien établi que l'amortissement présente à terre une valeur beaucoup plus forte qu'à bord des bâtiments.

Bien que les observations de résonance que nous avons exposées plus haut (§ A) n'aient pas été conduites avec la même rigueur que la précédente, nous avons cependant essayé de les utiliser pour contrôler *l'ordre de grandeur* des amortissements des systèmes multiples.

En prenant ces observations telles quelles, nous avons tracé les courbes :

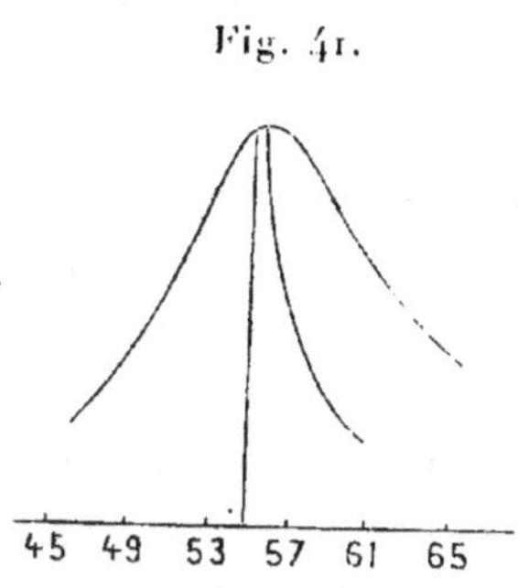

Fig. 41.

Antenne d'émission fixe
multiple de 55ᵐ.
Antenne de réception variable,
multiple.
$X = 55, \qquad \omega = 0,38.$

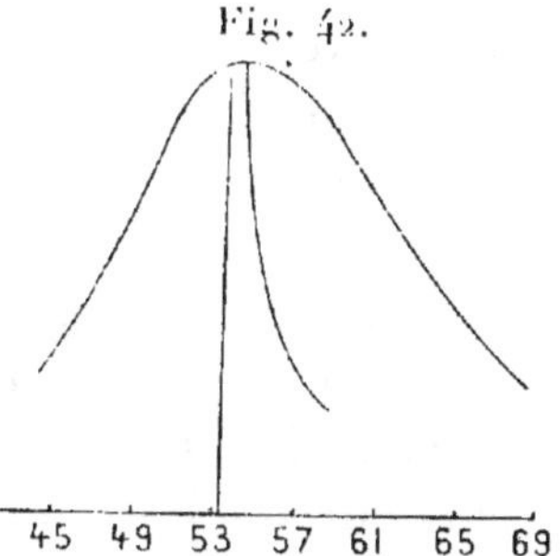

Fig. 42.

Antenne d'émission fixe
multiple de 54ᵐ.
Antenne de réception multiple,
variable.
$X = 53,5, \qquad \omega = 0,51.$

On a porté comme abscisses les longueurs de l'antenne variable.

La courbe (41) se rapporte à la résonance de deux antennes à quatre branches parallèles de 55^m de longueur, à bord de deux bâtiments (*Formidable* et *Marseillaise*).

Elle donne

$$\omega = \frac{\gamma + \gamma'}{2} = 0,38.$$

Nous ne possédons aucune mesure de γ sur la *Marseillaise*. Mais, si l'on admet que l'amortissement prend la même valeur que sur l'autre bâtiment, on aurait

$$\gamma = \gamma' = 0,38.$$

Or, nous avons trouvé pour le *Formidable* :

$$\gamma \text{ antenne multiple} = 2.0,18 = 0,36.$$

La courbe (42) se rapporte à la résonance de deux antennes à quatre branches parallèles, l'une sur le *Formidable*, l'autre à terre (60^m de longueur).

Elle donne

$$\omega = \frac{\gamma + \gamma'}{2} = 0,51,$$

qui fournirait, si l'on admet la valeur $\gamma = 0,36$, pour le *Formidable*, la valeur $\gamma' = 0,66$ pour l'antenne multiple du poste à terre.

Or nous avons trouvé dans ces conditions $\gamma' = 0,70$.

Le contrôle est aussi satisfaisant que possible.

Reste à savoir pourquoi l'amortissement est plus fort à terre qu'à bord des bâtiments. Nous avons été mis sur la voie de la solution par différentes remarques.

Nous avons déjà fait observer que les valeurs de ω qui correspondent à une même antenne et à un même résonateur sont bien moins variables à bord qu'à terre.

D'autre part, la variabilité à terre présente des caractères très particuliers. Les valeurs restent, en général, constantes dans le courant de la même journée, et parfois, pendant plusieurs journées consécutives. Puis elles varient brusquement, restent de nouveau constantes, et subissent des oscillations qui *paraissent dépendre des circonstances atmosphériques*.

Lors des expériences de photographies d'étincelles exécutées au poste d'Ouessant, nous avions déjà cru observer une influence de la prise de terre sur le caractère des épreuves.

Le nombre des étincelles fixées en émission directe était trop faible pour que l'on pût interpréter le sens exact du phénomène. Mais il semblait bien que le mode d'opérer la mise à la terre exerçât une certaine influence sur l'amortissement.

Nous avons donc songé à comparer les valeurs de ω prises pour une même antenne à terre, avec le même résonateur en *modifiant la prise de terre*.

Les courbes que nous avons obtenues (nous reproduisons ici celles qui se rapportent à une même antenne de 55^m simple) avec la terre ordinaire du poste, 30^{m^2}, puis avec une simple plaque de 1^{m^2} enfouie dans le sol, montrent nettement quel est le sens du phénomène.

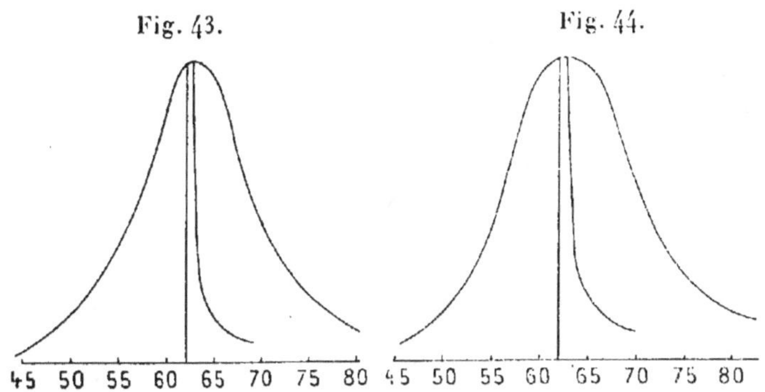

Fig. 43.   Fig. 44.

Antenne de 55^m simple.   Antenne de 55^m simple.
Rés. de 70^{cm}, disp. 2, terre de 30^{m^2}.   Rés. de 70^{cm}, disp. 2, terre de 1^{m^2}.
$X = 62$, $\omega = 0,33$. $X = 62$, $\omega = 0,425$.

La valeur de ω passe de $\omega = 0,33$ à $\omega = 0,425$ quand on substitue la terre de 1^{m^2} à la terre de 30^{m^2}.

D'ailleurs, *la valeur de la période n'est pas modifiée*. On conçoit que la qualité de la *terre* puisse éprouver certaines variations d'un jour à l'autre, selon l'état d'humidité du sol et entraîner des modifications dans la valeur de l'amortissement.

On voit aussi que l'amortissement diminue quand la surface de la prise de terre augmente, c'est-à-dire quand la mise à la terre s'améliore. Le même effet se produit après une pluie abondante, c'est-à-dire quand le sol est très humide.

A bord des bâtiments où la prise de terre est réalisée par une plaque soudée à la coque, et où cette coque se trouve tout entière immergée, c'est-à-dire en contact intime avec la mer, on conçoit que l'on doive se rapprocher du cas théorique de la *terre parfaite*.

Ainsi, *la valeur de l'amortissement pour une antenne donnée dépend de la qualité de la prise de terre.*

L'amortissement diminue quand la terre s'améliore, c'est-à-dire quand la surface de contact augmente ou que le sol devient plus conducteur.

Il prend une valeur particulièrement faible sur les bâtiments quand on assure le contact intime avec la coque.

Nous verrons que cette valeur limite est précisément celle que fournit le calcul théorique.

6. — Emploi du détecteur magnétique.

Avant d'avoir songé à faire usage de la méthode de Bjerknes et du tracé des courbes de résonance pour la détermination des amortissements, nous nous étions servi du dispositif de Rutherford.

Le détecteur magnétique est susceptible de fournir par une mesure directe la valeur du décrément.

Nous avons vu que l'élongation que l'on obtient au balistique est proportionnelle au maximum de l'intensité de l'oscillation dans le primaire du détecteur.

Pour faire la mesure, on intercale le primaire S du détecteur dans l'antenne en reliant l'antenne A à l'extrémité m du primaire et la terre B à l'extrémité n.

Fig. 45.

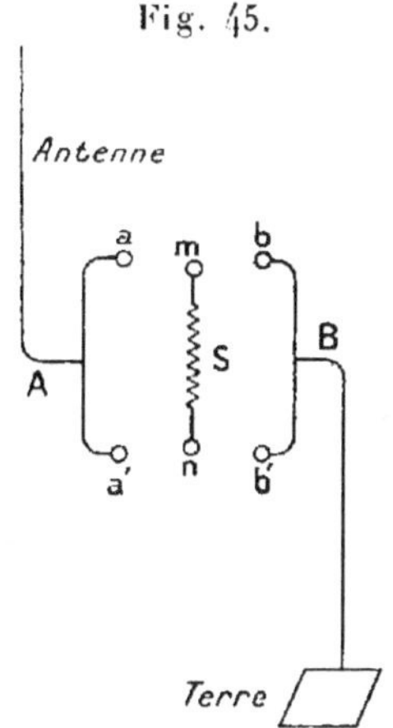

On observe une série de déviations δ_1.

Par le jeu d'un commutateur bien isolé, on inverse les connexions du primaire mn avec l'antenne et la terre. On observe alors une autre série de déviations δ_2 différentes des premières.

Supposons $\delta_1 > \delta_2$. Le décrément γ de l'antenne est donné par la relation

$$\gamma = 2 \mathcal{L} \frac{\delta_1}{\delta_2}.$$

On peut évidemment opérer soit à l'émission en agissant sur l'antenne par excitation directe ou indirecte, soit à la réception en excitant l'antenne à distance par une émission étrangère. Dans la pratique du procédé, il faut exécuter les opérations suivantes :

1° Fermer le circuit d'aimantation pour amener le noyau à saturation, le circuit du galvanomètre restant ouvert;

2° Ouvrir le circuit d'aimantation, puis fermer le circuit du galvanomètre;

3° Observer l'élongation (δ_1 ou δ_2);

4° Ouvrir le circuit du galvanomètre.

Il est facile d'exécuter ces diverses opérations dans l'ordre indiqué par la manœuvre d'un inverseur à mercure (gyrotrope) que l'on a sous la main et que l'on fait basculer dans un sens ou dans l'autre.

On est alors certain que le galvanomètre se trouve toujours en circuit ouvert lors de la fermeture ou de l'ouverture du circuit d'aimantation.

Pour obtenir des effets comparables il est indispensable d'observer certaines précautions afin de ramener toujours le noyau au même état magnétique.

La suppression brusque du courant d'aimantation produit, en général, une désaimantation partielle due sans doute, en majeure partie, à l'action de l'étincelle de rupture.

Cette action, peu marquée pour les aciers durs fortement trempés, devient très notable avec les aciers doux.

Le procédé le plus rigoureux pour ramener à coup sûr l'état magnétique à la même valeur est celui qui consiste à faire décrire au noyau un même cycle complet d'aimantation en n'ouvrant le courant que lorsqu'on a réduit progressivement sa valeur à l'aide d'un rhéostat.

Nous avons reconnu néanmoins que, si l'on emploie des aiguilles bien trempées, il suffit de réduire l'étincelle de rupture en shuntant le circuit d'aimantation par une résistance non inductive convenable.

7. — MESURES A L'ÉMISSION.

Le procédé, tel que nous l'avons appliqué, exige l'emploi d'un galvanomètre balistique suffisamment sensible.

Nous n'avons donc pu en faire usage qu'à terre.

Nous nous sommes d'abord servi d'une bobine d'induction B pour obtenir l'étincelle entre les boules d'éclateur a et b.

Le détecteur est intercalé en S entre la boule b et la terre.

Les déviations que l'on obtient dans une *même série d'observations* sont très constantes.

Ainsi, par exemple, pour une antenne simple de 42^m, on a

δ_1.	δ_2.
70	50
69	48
69	47
68	49
70	47

ce qui donne la valeur

$$\frac{\delta_1}{\delta_2} = \frac{69}{48} = 1,44.$$

Mais le rapport varie notablement d'une série d'observations à une autre.

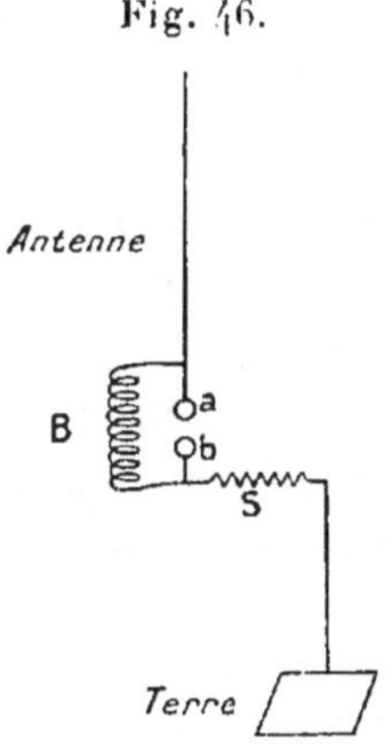

Fig. 46.

Une part de ces variations peut être attribuée à la *terre* dont nous avons signalé l'influence précédemment, mais une part seulement.

On constate, en effet, que, si l'on produit les émissions en *inversant le sens du courant primaire* d'excitation *dans la bobine d'induction* B, ce qui n'amène, en apparence, aucune espèce de modification aux conditions de l'expérience, le rapport $\frac{\delta_1}{\delta_2}$ prend une valeur différente.

Dans l'expérience citée plus haut on avait, par exemple :

Pour un sens du courant d'excitation *dans le primaire de* B

$$\frac{\delta_1}{\delta_2} = 1,44,$$

pour un sens opposé

$$\frac{\delta_1}{\delta_2} = 1,36.$$

Nous avons recherché le moyen de faire disparaître cette anomalie tout d'abord inexplicable.

Pour rendre les conditions de l'émission aussi définies que possible, nous avons opéré avec une *machine électrostatique* ([1]).

L'antenne se charge alors *lentement*, puis, quand la différence de potentiel atteint la valeur convenable, l'étincelle éclate. On fait en sorte qu'il ne s'en produise *qu'une seule*.

Dans ces conditions, les déviations demeurent *absolument constantes* dans la même série et leur valeur est *indépendante* du signe des charges.

Mais il se produit néanmoins d'une série d'observations à l'autre des différences qui ne sauraient être exclusivement attribuées à l'influence de la *terre*.

([1]) Les conditions d'isolement que suppose l'usage de la source électrostatique se trouvent réalisées grâce à l'emploi d'un système d'isolateur à doubles glaces et à air chaud par lequel l'antenne pénètre dans le poste. Le chauffage s'effectue à l'aide de lampes à incandescence. L'isolement est assez parfait pour que l'on puisse, même par temps humide, maintenir chargé pendant plusieurs minutes un électroscope à feuilles d'or relié à l'antenne.

Il est vraisemblable qu'elles sont dues à la complexité même du *phénomène de l'étincelle*.

Toutes les irrégularités, qui se trouvent atténuées dans les autres procédés d'observation où l'on somme des *trains d'ondes*, sont fidèlement enregistrées par le détecteur magnétique.

Il est probable que les variations qui se produisent dans les valeurs des rapports $\frac{\delta_1}{\delta_2}$ tiennent à la superposition des harmoniques à l'oscillation fondamentale et à la prédominance plus ou moins marquée de ces harmoniques.

Il est clair que l'influence des harmoniques, qui est négligeable dans la détermination de la courbe de résonance au bolomètre, doit s'exercer dans les observations au détecteur de manière à *accroître* l'élongation la plus grande. La valeur de l'amortissement observé doit donc être *exagérée*.

Parmi les valeurs trouvées on devra donc choisir seulement les *plus faibles*, qui sont vraisemblablement les plus correctes.

On a ainsi trouvé :

Antenne simple de 60^{m} . . . . $\quad \frac{\delta_1}{\delta_2} = 1,25 \quad$ à $\quad \frac{\delta_1}{\delta_2} = 1,38$

Antenne simple de 40^{m} . . . . $\quad \frac{\delta_1}{\delta_2} = 1,32 \quad$ à $\quad \frac{\delta_1}{\delta_2} = 1,43$

Antenne multiple à 4 branches de 40^{m} . . . $\quad \frac{\delta_1}{\delta_2} = 1,60 \quad$ à $\quad \frac{\delta_1}{\delta_2} = 1,74$

Antenne multiple à 6 branches de 40^{m} . . . $\quad \frac{\delta_1}{\delta_2} = 1,65 \quad$ à $\quad \frac{\delta_1}{\delta_2} = 1,84$

On retrouve nettement les résultats généraux déjà obtenus :

Accroissement de l'amortissement pour les systèmes à branches multiples.

Diminution de l'amortissement quand le rapport de la longueur au diamètre augmente.

Si l'on adopte les valeurs les plus faibles, on a :

Antennes.	$\dfrac{\gamma}{2} = \mathcal{L}\,\dfrac{\delta_1}{\delta_2}.$	$\dfrac{\gamma}{2}$ par les courbes de résonance.
Simple de 60^m..................	0,23	0,25
Simple de 40^m..................	0,27	0,29
Multiple de 40^m à 4 branches...	0,47	0,43
Rideau de 40^m à 6 branches....	0,50	0,51

valeurs qui concordent bien avec celles qui ont été fournies par les courbes de résonance et que nous mettons en regard.

8. — Mesures a la réception.

Dans une première série d'expériences que nous avons signalées ([1]) et qui ont été exécutées en septembre 1902, nous avions essayé de faire la comparaison des émissions reçues successivement à une distance de 4^{km} sur le bolomètre et le détecteur.

Ces expériences nous avaient donné quelques résultats intéressants, mais l'interprétation en demeurait confuse, car nous n'avions pas élucidé les questions d'accord ou de mise en résonance des systèmes d'antennes. Nous les avons donc reprises dans des conditions mieux définies.

Les émissions étaient produites à l'aide d'une antenne de 55^m sur un bâtiment (*Henri-IV*), à une distance de 1800^m du poste d'observations.

Le détecteur étant intercalé dans une antenne réceptrice identique, et en résonance avec l'antenne d'émission, on a obtenu, pour différentes séries d'expériences, des valeurs $\dfrac{\delta_1}{\delta_2}$ comprises entre

$$\frac{\delta_1}{\delta_2} = 1,13 \qquad \text{et} \qquad \frac{\delta_1}{\delta_2} = 1,25.$$

Il y a lieu de noter que les émissions étaient effectuées

---

[1] *Comptes rendus,* 9 février 1903.

avec le dispositif ordinaire du poste du bâtiment et sans précautions spéciales.

Dans les conditions de l'expérience, l'influence des harmoniques doit être négligeable puisque les systèmes sont en résonance.

Les différences tiennent donc à des causes accidentelles dues aux irrégularités des émissions, et il est logique d'adopter la valeur moyenne

$$\frac{\delta_1}{\delta_2} = 1,19,$$

qui donne

$$\frac{\gamma_1}{2} = 0,175.$$

La valeur γ_1 est plus forte que celle qui a été trouvée à bord et plus faible que celle qui a été trouvée à terre pour la même antenne.

On a, en effet,

$$\frac{\gamma}{2} \text{ à bord} = 0,13,$$

$$\frac{\gamma'}{2} \text{ à terre} = 0,25.$$

Mais on voit que

$$\frac{\gamma + \gamma'}{2} = 0,38,$$

valeur peu différente de

$$\gamma_1 = 0,35.$$

On trouve donc que *le décrément de l'oscillation dans l'antenne réceptrice est la moyenne arithmétique des décréments des vibrations propres des antennes d'émission et de réception.*

Nous avons essayé de nous rendre compte de la manière dont varie l'amortissement quand on attaque une antenne réceptrice par une émission désaccordée. Nous citerons l'expérience suivante, bien qu'elle n'ait pas une précision suffisante pour fixer la valeur de constantes numériques, parce qu'elle montre nettement comment se modifie la forme de l'oscillation dans l'antenne réceptrice quand on s'écarte des conditions d'accord.

Les appareils ont été disposés sur l'antenne réceptrice de manière à pouvoir observer *simultanément au bolomètre et au détecteur magnétique*.

L'antenne est reliée au primaire du détecteur par l'intermédiaire du commutateur inverseur.

Le primaire du détecteur est relié au bolomètre (bolomètre W_1) qui est réuni lui-même à la terre.

De sorte que l'on a sur l'antenne réceptrice le circuit suivant : antenne-détecteur-bolomètre-terre.

Les observations au bolomètre sont faites au galvanomètre d'Arsonval. Pour le détecteur, on se sert du Broca-Carpentier comme balistique.

Les émissions étant faites invariablement par une antenne simple de 60^m, on emploie successivement comme antennes réceptrices des antennes simples de 60^m, 40^m et 25^m. On observe simultanément aux deux instruments les déviations correspondantes suivantes :

Antennes de réception.	Déviations bolomètre Δ.	Déviations détecteur		$\dfrac{\delta_1}{\delta_2}$.	$\mathcal{L}'\dfrac{\delta_1}{\delta_2}$.
		δ_1.	δ_2.		
60^m	114	54	46	1,17	0,16
40	10	22	17	1,30	0,27
25	4	18	11,6	1,55	0,44

On peut noter d'abord les différences considérables de l'action enregistrée par les deux détecteurs.

Tandis que l'effet exercé sur le détecteur magnétique est simplement réduit dans le rapport $\dfrac{54}{18} = 3$ quand on passe de l'antenne de 60^m à l'antenne de 25^m, l'effet exercé sur le bolomètre est réduit dans le rapport $\dfrac{114}{4} = 28,5$.

D'après ce que nous avons dit au paragraphe 4, 1re partie, on peut admettre que l'on a

$$\Delta = a\,\frac{I_0^2}{4\,\gamma},$$

$$\delta_1 = b\,I_0.$$

En désignant par I_0 le maximum du courant, par γ le décrément de l'oscillation reçue par les appareils, et par a et b deux coefficients que l'on peut, comme première approximation, supposer constants dans les conditions de l'expérience.

On aurait ainsi

$$\gamma = \frac{a}{4\,b}\,\frac{\delta_1^2}{\Delta},$$

où δ_1 est la plus grande des déviations du détecteur, et Δ la déviation du bolomètre et, par suite,

$$\frac{\gamma\ \text{antenne de } 40^m}{\gamma\ \text{antenne de } 60^m} = \frac{\dfrac{\delta_1^2}{\Delta}\ \text{antenne de } 40^m}{\dfrac{\delta_1^2}{\Delta}\ \text{antenne de } 60^m},$$

on trouve ainsi

$$\frac{\gamma\ \text{antenne de } 40^m}{\gamma\ \text{antenne de } 60^m} = \frac{114}{10}\left(\frac{22}{54}\right)^2 = 1,8,$$

et

$$\frac{\gamma\ \text{antenne de } 25^m}{\gamma\ \text{antenne de } 60^m} = \frac{114}{4}\left(\frac{18}{54}\right)^2 = 3,1.$$

Or, on doit avoir aussi :

$$\frac{\gamma\ \text{antenne de } 40^m}{\gamma\ \text{antenne de } 60^m} = \frac{\pounds\,\dfrac{\delta_1}{\delta_2}\ \text{antenne de } 40^m}{\pounds\,\dfrac{\delta_1}{\delta_2}\ \text{antenne de } 60^m} = \frac{0,27}{0,16} = 1,7,$$

$$\frac{\gamma\ \text{antenne de } 25^m}{\gamma\ \text{antenne de } 60^m} = \frac{\pounds\,\dfrac{\delta_1}{\delta_2}\ \text{antenne de } 30^m}{\pounds\,\dfrac{\delta_1}{\delta_2}\ \text{antenne de } 60^m} = \frac{0,44}{0,16} = 2,8.$$

Cet accord de déterminations obtenues par des procédés différents et des mesures indépendantes indique que les hypothèses faites ne s'écartent pas sensiblement de la réalité.

On voit que l'amortissement apparent de l'oscillation dans l'antenne réceptrice va en augmentant très rapidement quand on s'écarte des conditions de résonance. Cet effet est certainement dû à *l'influence prépondérante* que prennent alors les harmoniques. Les résultats obtenus indiquent que l'amortissement de ces oscillations supérieures est notablement plus grand que l'amortissement de l'oscillation fondamentale.

9. — Valeur de l'amortissement du résonateur.

Les différentes déterminations effectuées à l'aide des courbes de résonance permettent d'obtenir, en même temps que les valeurs γ des décréments des antennes, la valeur correspondante δ du décrément du résonateur employé.

D'autre part, comme les éléments du résonateur sont connus, on peut obtenir par le calcul la valeur du décrément qui est dû à l'effet Joule. La comparaison peut fournir des indications sur les réactions mutuelles qu'exercent l'un sur l'autre les systèmes de l'antenne et du résonateur.

Si l'on suppose que, dans le *résonateur fermé*, l'amortissement soit dû tout entier à l'effet Joule, la valeur du décrément est

$$\delta_j = \frac{R}{2L}\,T,$$

R étant la résistance du résonateur pour un courant de fréquence $\frac{1}{T}$.

Pour le fil de cuivre de $0^{cm},2$ de diamètre du résonateur de 70^{cm} que nous avons employé le plus généralement, la relation de Lord Rayleigh ([1]) est applicable et donne

$$R' = \sqrt{\frac{\pi R_0 \mu l}{T}},$$

R_0 est la résistance du fil pour un courant continu ;

T est la période de l'oscillation ;

l la longueur totale du fil ;

μ la perméabilité du métal (ici égale à 1).

Le calcul de R', pour une période $T = 0,6.10^{-6}$ seconde (celle qui correspond environ à l'antenne simple de 40^m) donne $0^\omega,16$ pour le fil même du résonateur.

Le thermique intercalé dans le circuit présente une résistance $R_0 = 0^\omega,75$. Le fil de l'appareil est en bronze et a un diamètre de $0^{cm},01$ ([2]).

La valeur de la résistance R' de l'appareil est aussi sensiblement égale à $0^\omega,75$.

La résistance totale est ainsi $R = 0^\omega,91$.

Comme on a d'ailleurs $L = 3,8.10^3$ centimètres ([3]),

([1]) Lord Rayleigh, *Phil. Mag.*, 1886.

([2]) On ne peut appliquer la formule de Rayleigh au calcul de la résistance de ce fil.

Même en adoptant la correction donnée par Stéphan

$$R' = \sqrt{\frac{\pi R_0 \mu l}{T}} + \frac{R_0}{4}.$$

On trouve, en effet, que la valeur de R' serait inférieure à celle de la résistance R pour des courants continus.

Mais, si l'on considère la formule exacte de Lord Kelvin

$$\frac{R'}{R_0} = \frac{q}{2} f(q) \qquad \text{où} \qquad q = \sqrt{\frac{4\pi c}{T}},$$

on voit que q est inférieur à 1 et que l'on peut prendre, par suite,

$$\frac{q}{2} f(q) = 1, \qquad \text{c'est-à-dire} \qquad R = R_0.$$

([3]) Le résonateur en question est le résonateur N_1 pour lequel on a $L = 3,4.10^3$ centimètres.

L'introduction du thermique dans le circuit accroît la self qui prend la valeur $3,8.10^3$ centimètres. Cette valeur a été déterminée expérimentalement par observation de périodes de systèmes connus.

T.   11

c'est-à-dire $L = 3,8 \cdot 10^6$ henrys

$$\gamma = \frac{R}{2L} T = \frac{0,91 \cdot 0,6}{7,6} = 0,072.$$

Or, on a trouvé avec ce résonateur pour des antennes de 40^m et 42^m

	ω.	γ.	δ.
A terre.........	0,33	0,58	0,08
Id.	0,39	0,66	0,12
Id.	0,36	0,62	0,10
Formidable....	0,18	0,28	0,08
Jauréguiberry.	0,22	0,30	0,14

Il importe de remarquer d'abord que les relations de Bjerknes déterminent *mal* δ lorsque δ est faible.

Néanmoins, il apparaît bien que le décrément déterminé par l'expérience a une valeur plus forte que le δj fourni par le calcul.

L'accroissement de la valeur du décrément tient à ce que le résonateur rayonne et, à ce point de vue, le voisinage de l'antenne est susceptible d'exercer une certaine influence.

Nous avons voulu nous rendre compte de cet effet en mesurant directement, à l'aide du détecteur magnétique, le décrément du résonateur.

Fig. 47.

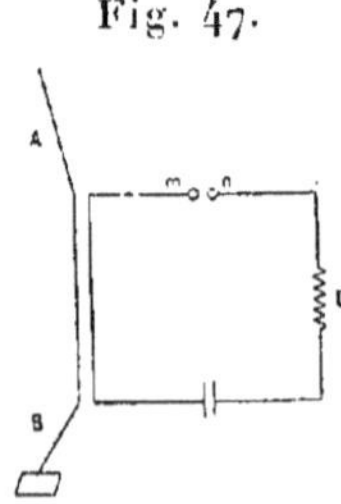

Le résonateur est coupé en *mn* par un petit éclateur que l'on relie à une bobine d'induction afin d'exciter le système.

Le détecteur est intercalé en D dans le résonateur (avec son inverseur).

On mesure le décrément en maintenant le résonateur tout près de l'antenne AB ou éloigné de cette antenne.

On trouve ainsi :

$$\text{Résonateur à } 1^{cm} \text{ de l'antenne}\ldots\ldots \quad \delta = 0,13$$
$$\text{Résonateur très loin de l'antenne}\ldots \quad \delta = 0,09$$

A la vérité, les conditions de l'expérience ne sont pas tout à fait celles des mesures précédentes à cause de la présence de l'éclateur mn et du détecteur D en circuit.

Le sens du phénomène est néanmoins très net et indique que la valeur du décrément du résonateur est augmentée du fait du voisinage de l'antenne. Mais les valeurs de δ demeurent faibles par rapport aux γ.

Comme d'ailleurs nous avons opéré en disposant toujours le résonateur à une même distance des antennes (le fil *excitateur* AB étant invariablement fixé au cadre), il est vraisemblable que l'effet n'a exercé qu'une minime influence sur la détermination des γ.

10. — Valeurs fournies par le calcul théorique pour les périodes et les amortissements.

M. Max Abraham ([1]), puis M. Brillouin, ont étudié les vibrations propres des ellipsoïdes et ont donné des relations générales qui permettent de faire le calcul des périodes et des amortissements des oscillations fondamentales et des oscillations supérieures.

Pour les tiges cylindriques longues, que l'on peut assimiler à des ellipsoïdes très allongés, on a (en supposant

---

([1]) MAX ABRAHAM, *Wied. Ann.*, 1898, p. 435.

l'une des extrémités reliée à la terre)

$$\varepsilon = \frac{1}{4\mathcal{L}\frac{2l}{b}},$$

$$\lambda = 4l(1 + 5,6\varepsilon^2),$$

$$\gamma = 9,74\frac{\lambda}{4l}\varepsilon;$$

l est la longueur de l'antenne;

$2b$ son diamètre;

λ est la longueur d'onde fondamentale et γ le décrément logarithmique correspondant;

quant à ε, c'est une quantité auxiliaire introduite par le calcul.

Nous donnons les résultats du calcul pour les antennes suivantes :

Longueur.	Diamètre.	ε.	$\frac{\lambda_0}{4l}$.	γ.
m	cm			
60.....	0,4	0,0225	1,00285	0,22
50.....	0,4	0,023	1,0030	0,225
40.....	0,4	0,024	1,0032	0,235
60.....	1^m	0,052	1,015	0,506
40.....	1^m	0,057	1,018	0,55

Les valeurs varient bien dans le sens général que nous avons trouvé par détermination expérimentale.

Le rapport $\frac{\lambda}{4l}$, toujours supérieur à 1, va en diminuant à mesure que l'antenne cylindrique s'allonge.

L'amortissement diminue en même temps.

Les valeurs numériques que nous avons trouvées pour les rapports $\frac{\lambda}{4l}$ sont notablement plus grandes que celles fournies par le calcul. Mais il y a lieu de noter que dans ces déterminations, où nous n'avons pas fait usage du tracé de la courbe de résonance, nous avons adopté comme valeur de la période celle qui correspond au maximum de la courbe.

Si nous avions pris celle qui correspond au *point d'isochronisme* de Bjerknes, c'est-à-dire à l'abscisse de l'asymptote de l'hyperbole, nous aurions été conduit à réduire légèrement les valeurs données ([1]).

Elles paraissent néanmoins supérieures à celles que donne le calcul.

Quant aux amortissements, les valeurs calculées correspondent parfaitement à celles qui ont été observées *sur les bâtiments* (on a trouvé par exemple, sur le *Formidable*, $\gamma = 0,26$ pour l'antenne de 42^m de $0^{cm},4$ de diamètre). On doit en inférer que, si aucune terre n'est le *conducteur parfait* qui serait nécessaire pour équivaloir à l'image de l'antenne, c'est à bord des bâtiments que les conditions que la théorie suppose sont le plus près d'être réalisées.

Les systèmes à branches multiples parallèles disposées selon les génératrices d'un cylindre ne se rapprochent évidemment que grossièrement du cas du cylindre complet de même diamètre.

Nous n'avons pas la mesure de l'amortissement de l'antenne cylindrique à 6 branches sur un bâtiment. Mais on a trouvé que le rapport des décréments des systèmes multiples et simples de même longueur a une valeur un peu plus grande à bord des bâtiments qu'à terre. On aurait donc, pour des antennes de 42^m,

$$\frac{\gamma \text{ antenne cylindrique à 6 branches}}{\gamma \text{ antenne simple}} = \frac{0,52}{0,31} = 1,7 \text{ environ.}$$

Comme sur les bâtiments (*Formidable,* par exemple) on a

$$\gamma \text{ antenne simple} = 0,28,$$

---

[1] On trouverait ainsi, par exemple, $\frac{\lambda}{4l} = 1,008$ à $1,010$ pour une antenne simple de 60^m, et $\frac{\lambda}{4l} = 1,10$ pour une antenne à 4 branches de 42^m.

on aurait vraisemblablement

$$\gamma \text{ antenne cylindrique à 6 branches} = 0,48,$$

c'est-à-dire une valeur peu différente du décrément de l'antenne cylindrique de 1^m de diamètre.

Le système qui est constitué par 6 branches équidistantes parallèles, disposées selon les génératrices d'un cylindre, paraît donc se comporter sensiblement comme un cylindre fermé de même surface extérieure.

Valeur de l'énergie mise en jeu dans les antennes.

VALEUR DE L'ÉNERGIE REÇUE PAR L'ANTENNE.

Les divers résultats qui précèdent montrent que, pour avoir des indications sur l'influence des facteurs susceptibles d'agir sur la transmission, il convient d'opérer sur des systèmes en résonance.

Les mesures suivantes se rapportent toutes à des systèmes préalablement accordés par les méthodes précédemment décrites.

a. — *Émissions à différentes distances.*

La comparaison a été faite d'abord à l'aide d'un poste installé sur un bâtiment (*Formidable*) qui occupait divers mouillages ([1]). Les antennes d'émission et de réception, préalablement accordées, étaient multiples (à 4 branches parallèles) et avaient environ 55^m de longueur.

On opérait avec des étincelles d'émission, bien constantes, de 5^{cm} de longueur.

Le poste mobile se trouvant à la distance de 8900^m, on

([1]) *Comptes rendus*, 14 mars 1904.

obtenait une déviation permanente de 40 divisions du galvanomètre pour un courant total de $27,5.10^{-3}$ ampère dans le pont.

A la distance de 1150^m, et pour des émissions identiques, on obtenait la *même déviation* de 40 divisions en réduisant la valeur du courant total à $0,45.10^{-3}$ ampère.

Les déviations se trouvent ainsi ramenées dans l'observation à la même valeur, le rapport des sensibilités du bolomètre, qui est égal à $\frac{27,5}{0,45} = 61$, représente aussi le rapport des quantités moyennes d'énergie reçue.

L'énergie reçue à 1150^m est donc 61 fois plus grande qu'à 8900^m. Or on peut remarquer que le rapport des distances $\frac{8900}{1150} = 7,75$, nombre dont le carré est égal à 60.

L'emploi du bolomètre S_1, à pont auxiliaire, nous a permis de contrôler ce résultat. Le procédé de mesure consiste à enregistrer la déviation permanente du galvanomètre du pont principal P sous l'action des ondes reçues, puis à remplacer l'antenne et la terre par les pôles d'une source électrique convenable capable de fournir dans le pont p un courant continu donnant la même déviation au galvanomètre du pont principal.

Il faut, au préalable, régler parfaitement l'équilibre du pont p, de manière que les déviations du galvanomètre du pont principal P soient égales et de même sens quand on inverse le courant auxiliaire dans le pont p.

Les mesures opérées avec le *Formidable,* avec étincelle d'émission de 5^{cm}, ont donné :

A la distance de 1150^m (galvanomètre fortement shunté) :

$$\text{déviations} = 65,5$$

(courant continu dans le pont p donnant la même déviation : $8,29.10^{-3}$ ampère);

A la distance de 8000^m (galvanomètre non shunté) :

$$\text{déviations} = 74$$

(courant continu dans le pont p donnant la même déviation : $1,17 \cdot 10^{-3}$ ampère).

Le rapport des *intensités efficaces* est de $\dfrac{8,29}{1,17} = 7,08$ et le rapport des distances est de $\dfrac{8000}{1150} = 6,95$.

Nous avons pu obtenir ultérieurement une vérification beaucoup plus complète avec un bâtiment, c'est-à-dire un poste d'émission mobile.

Le bâtiment (*Amiral-Aube*) faisait, toutes les 8 minutes, trois émissions d'une durée de 6 secondes. On enregistrait au bolomètre (W_1 sur galvanomètre Chauvin) les déviations et l'on notait la position exacte du bâtiment (obtenue par relèvements) à l'instant de la seconde émission de chaque série.

On a obtenu ainsi :

Distances D en kilomètres.	Déviations du bolomètre.	Intensités efficaces i.	Produit $i \times$ D.
2,850	42	2,30	6,55
3,700	26	1,75	6,47
6,200	9	1,05	6,50
8,600	5	0,75	6,45
13,000	2	0,50	6,50

Au retour du bâtiment au mouillage, une observation, faite dans des conditions aussi identiques que possible, a donné :

Déviation.	i.	$i \times$ D.
$1^{km},600$	135	4,12	6,60

L'accord est aussi satisfaisant que possible.

« *L'intensité efficace* » *du courant reçu par l'antenne varie en raison inverse de la distance ;*

Et : *l'énergie mise en jeu, qui est proportionnelle au carré de « l'intensité efficace », varie en raison inverse du carré des distances.*

b. — Émissions à l'aide d'étincelles de différentes longueurs.

On a exécuté avec le *Formidable* une série de mesures à la distance de 1400^m avec les antennes accordées précédentes, en faisant varier la longueur de l'étincelle d'émission de 0^{cm},5 à 5^{cm}.

La vitesse de l'interrupteur était maintenue bien constante et l'on modifiait le wattage d'excitation de la bobine d'induction de manière à obtenir toujours une *bonne étincelle*, c'est-à-dire une étincelle blanche, brillante et continue.

Nous reproduisons les déviations telles que nous les trouvons inscrites sur notre cahier d'observations (expérience exécutée le 10 mars 1904). Nous avons inscrit en regard les valeurs des potentiels explosifs données par M. Mascart ([1]) pour les différentes longueurs d'étincelles.

Si l'on prend le rapport $\dfrac{\Delta}{V^2}$, des déviations aux carrés des potentiels explosifs, on trouve des nombres sensiblement constants.

Émissions par étincelles de différentes longueurs.

Antennes accordées multiples de 55^m. Distance des postes, 1400^m.

Longueur des étincelles.	Déviations Δ du bolomètre.	Potentiels explosifs V.	Carrés V^2 des potentiels.	$\dfrac{\Delta}{V^2}$.
cm				
0,5......	12	7,3	52	0,23
1........	40	12,4	154	0,26
1,5......	60	15,4	237	0,25
2........	80	17,7	315	0,255
3........	110	21	441	0,25
3,5.....	122	(22,4)	500	0,245
4........	134	23,8	566	0,235
4,5.....	146	(24,8)	615	0,235
5........	192	25,9	670	0,24

([1]) MASCART, *Traité d'Élect. stat.*, t. II, 1876, p. 87.

L'accord est certainement remarquable et ne saurait être attribué à une circonstance fortuite.

Les valeurs des différences de potentiel qui figurent dans la Table dont nous avons fait usage sont cependant des potentiels explosifs statiques et ne coïncident sans doute pas avec les potentiels explosifs dynamiques de nos décharges oscillantes.

Il est probable que ces valeurs demeurent proportionnelles dans les conditions de nos expériences.

Sous cette réserve, il est permis de conclure que :

L'énergie mise en jeu dans l'antenne réceptrice est proportionnelle aux carrés des potentiels explosifs de la décharge oscillante dans l'antenne d'émission.

Des observations plus précises viennent à l'appui de cette assertion.

Nous verrons plus loin (au titre *e*) que des considérations théoriques très simples permettent de faire le calcul approché de l'énergie émise en partant des indications fournies par un ampèremètre thermique intercalé à la base de l'antenne d'émission.

Ces considérations montrent que l'énergie émise peut être regardée comme proportionnelle au carré de la lecture du thermique.

Les expériences suivantes confirment cette interprétation. On produit des émissions avec une même longueur d'étincelle en faisant varier l'ampérage d'excitation au primaire de la bobine, et l'on enregistre simultanément les indications d'un thermique intercalé dans l'antenne d'émission et d'un bolomètre dans une antenne de réception en résonance.

Quand on fait croître progressivement l'ampérage d'excitation du primaire de la bobine d'induction à partir de la valeur pour laquelle l'étincelle éclate juste sans ratés, les indications du thermique vont d'abord en augmentant à mesure que l'étincelle devient plus fournie, passent par un maximum très net, puis diminuent rapidement quand l'étincelle devient chaude et flambante.

Pour chaque longueur d'étincelle, il existe un régime, caractérisé par un wattage d'excitation déterminé, tel que l'indication du thermique passe par un maximum.

C'est ce régime qui correspond à ce que nous avons appelé jusqu'ici la *bonne étincelle* et c'est celui que nous nous sommes toujours efforcé de réaliser.

Or, si l'on observe simultanément les indications d'un bolomètre à la réception, on constate que la marche des déviations du bolomètre suit exactement la marche des indications du thermique à l'émission.

Voici, par exemple, les résultats d'une expérience exécutée avec le *Masséna*, émission directe avec antenne multiple de 54^m, réception sur antenne accordée, étincelles de 4^{cm} :

Régimes.	Bolomètre, réception Δ.	Thermique, émission I_0.	Carré des déviations du thermique I_0^2.	$\dfrac{\Delta}{I_0^2}$.
		amp		
L'étincelle éclate juste..	43	0,55	0,30	1,43
Bonne étincelle	56	0,63	0,40	1,40
Étincelle chaude	40	0,53	0,28	1,43
Étincelle flambante.....	19	0,36	0,13	1,46

Les indications du bolomètre passent par un maximum en même temps que celle du thermique. Le régime favorable indiqué par le thermique correspond donc bien à une réception *meilleure*.

On voit de plus que les indications fournies par le bolomètre dans l'antenne réceptrice sont proportionnelles aux carrés des intensités relevées au thermique à l'émission.

Il suit de là que les comparaisons d'énergies émises à l'aide d'étincelles de différentes longueurs doivent se rapporter au cas du régime favorable, c'est-à-dire des conditions optima de la décharge pour chaque étincelle (c'est le cas qui a été approximativement réalisé dans les mesures exécutées avec le *Formidable*).

Il en résulte aussi que l'on doit pouvoir opérer cette comparaison aussi bien avec le thermique à l'émission qu'avec le bolomètre à la réception, ce qui est plus simple.

Nous avons effectué cette comparaison en relevant les intensités obtenues avec des étincelles de différentes longueurs sur un thermique intercalé dans une antenne simple de 52^m au poste du Parc-au-Duc.

Conformément aux observations précédentes, on commençait par rechercher pour chaque longueur d'étincelle, en manœuvrant le rhéostat et faisant varier la plongée dans le godet de l'interrupteur, le régime favorable, c'est-à-dire celui qui donnait une déviation maximum (mais bien constante) au thermique.

La bobine d'induction dont nous disposions nous a permis de pousser les observations jusqu'à l'étincelle de 10^{cm}.

En regard des intensités fournies par le thermique, nous donnons les valeurs données dans les Tables (Mascart) pour les potentiels explosifs *statiques* des décharges.

Longueurs d'étincelles.	Intensités I_0 au thermique.	Pot. explosifs V (statiques).	Rapports $\dfrac{I_0}{V}$ 10.
cm	amp		
1	0,36	8,3	0,43
1,5	0,44	10,3	0,43
2	0,52	11,8	0,44
3	0,61	14	0,44
4	0,69	15,9	0,43
5	0,76	17,3	0,44
6	0,84	18,5	0,45
7	0,92	19,6	0,46
8	0,97	20,5	0,47
9	1,00	21,1	0,47
10	1,05	21,7	0,48

Les rapports des intensités aux potentiels explosifs *statiques* de la décharge restent très sensiblement constants jusqu'à l'étincelle de 6^{cm}, puis vont ensuite en croissant régulièrement.

Néanmoins, les différences sont assez faibles, eu égard aux erreurs inévitables dans de pareilles mesures, pour que l'on puisse admettre pratiquement que la loi de variation de l'intensité est la même que la loi de variation des potentiels explosifs.

Les diverses observations précédentes établissent de la manière la plus nette la loi de variation de l'énergie mise en jeu.

On les a néanmoins contrôlées en enregistrant simultanément les indications d'un thermique intercalé dans l'antenne d'émission et d'un bolomètre disposé dans une antenne réceptrice accordée.

On a obtenu ainsi avec l'*Amiral-Aube* (distance des postes, 1850^{m}) :

Étincelles.	Bolo-mètre Δ.	Ther-mique I_0.	I_0^2.	$\dfrac{I_0^2}{\Delta}$ 10.
3^{cm}	14	0,47 (amp)	0,22	0,16
6	24	0,62	0,38	0,16
10	32	0,70	0,49	0,15

Les indications du bolomètre sont bien proportionnelles aux carrés des lectures du thermique.

Et l'on a, d'autre part, comme précédemment :

Étincelles.	Pot. explosifs V.	Thermique I_0.	$\dfrac{I_0}{V}$ 10.
3^{cm}	14	0,47 (amp)	0,33
6	18,5	0,62	0,33
10	21,7	0,70	0,32

c'est-à-dire que les lectures du thermique sont sensiblement proportionnelles aux potentiels explosifs statiques de la décharge.

Ainsi, les deux méthodes de mesures, à l'émission et à la réception, se contrôlent mutuellement.

L'énergie émise et l'énergie reçue par un système accordé sont proportionnelles, soit au carré du potentiel explosif de la décharge, soit au carré de l'amplitude du courant à la base de l'antenne d'émission.

c. — *Émissions par différents systèmes d'antennes.*

Au cours des expériences de résonance qui ont été décrites, nous avons eu l'occasion d'obtenir quelques renseignements sur l'énergie reçue par des systèmes accordés de même forme ou de formes différentes. Nous avons rassemblé les documents obtenus qu'il peut être intéressant de rapprocher des données sur les amortissements. Ces valeurs se rapportent à des expériences exécutées à diverses époques.

On ne doit comparer entre elles que celles qui appartiennent à la même série.

	Antennes		Déviations du bolomètre.
	d'émission.	de réception.	
Émission Parc-au-Duc Réception *Borda* dist. 1800^m	multiple de 40^m 38^m à 4 br. paral. crois. de 1^m 2^m simple	multiple de 40^m 38^m à 4 br. paral. crois. de 1^m 2^m simple	35
	multiple de 40^m 38^m à 4 br. paral. crois. de 2^m 2^m simple	multiple de 40^m 38^m à 4 br. paral. crois. de 2^m 2^m simple	43
	simple 40^m diam. 0^{cm},4	simple 40^m diam. 0^{cm},4	13

	Antennes		Déviations du bolomètre.
	d'émission.	de réception.	
Émission *Henri-IV* Réception Parc-au-Duc dist. 1600ᵐ	multiple de 55ᵐ 37ᵐ à 4 br. paral. 18ᵐ simple	multiple identique	45
	multiple de 55ᵐ 37ᵐ à 4 br. paral. 18ᵐ simple	70ᵐ simple (antenne d'accord)	18
	simple 55ᵐ diam. 0ᶜᵐ,4	simple 55ᵐ diam. 0ᶜᵐ,4	10
Émission *Formidable* Réception Parc-au-Duc dist. 1400ᵐ	multiple de 59ᵐ 50ᵐ à 4 br. paral. 9ᵐ simple	multiple de 59ᵐ 50ᵐ à 4 br. paral. 9ᵐ simple	70
	multiple de 53ᵐ 30ᵐ à 4 br. paral. 23ᵐ simple (ant. de même accord)	multiple de 59ᵐ 50ᵐ à 4 br. paral. 9ᵐ simple	55
Émission *Ouessant* Réception St-Mathieu dist. 30ᵏᵐ	40ᵐ simple	40ᵐ simple	10
	multiple de 40ᵐ	multiple de 40ᵐ	25
	rideau à 6 br. de 40ᵐ en éventail	multiple de 50ᵐ (antenne d'accord)	35

Si l'on rapproche ces observations des données fournies par l'étude des amortissements, on voit que ce sont les systèmes dont l'amortissement relatif (¹) est le plus considérable qui émettent le mieux.

On pourrait être tenté de croire que l'accroissement de l'énergie reçue quand on transmet avec certains systèmes est uniquement dû à l'augmentation de valeur de la capacité électrostatique de l'antenne d'émission.

(¹) Amortissement d'émission.

Nous avons déterminé les capacités électrostatiques des diverses antennes utilisées par la méthode déjà décrite du commutateur tournant.

On trouve, par exemple, pour les systèmes de 40^m étudiés précédemment :

Antennes.	Capacités en centimètres.
	cm
Simple 40^m, verticale	240
40^m à 4 br., crois. de 1^m	400
40^m à 4 br., crois. de 2^m	460

Les déviations bolométriques relevées sur les antennes respectives accordées, pour des potentiels explosifs égaux, ne sont nullement proportionnelles aux capacités.

Le moindre accroissement de la valeur de l'amortissement du système se traduit, au contraire, par une augmentation notable du taux de l'énergie mise en jeu à la réception.

D'ailleurs, comme ce sont les mêmes formes qui réunissent à la fois les conditions de grande capacité et de fort amortissement, on voit qu'il y a grand intérêt, à période égale, à accroître le nombre des branches et l'écartement de ces branches.

Les conclusions précédentes ont plus particulièrement trait à l'émission directe, mais conviennent également à l'émission indirecte, ainsi que l'on peut s'en rendre compte à l'examen de certains résultats précédemment donnés.

Ajoutons qu'il paraît y avoir grand intérêt en pratique à attribuer à la portion multiple la plus grande longueur possible. L'expérience exécutée avec le *Formidable*, et qui est relatée dans le Tableau précédent, ne laisse aucun doute à cet égard.

d. — *Influence de la terre.*

Nous avons essayé de nous rendre compte de l'influence de la prise de terre sur les émissions en profitant d'un séjour fait au bassin par un bâtiment (le *Formidable*).

Nous avons institué l'expérience suivante :

La boule a de l'oscillateur étant invariablement reliée à

Fig. 48.

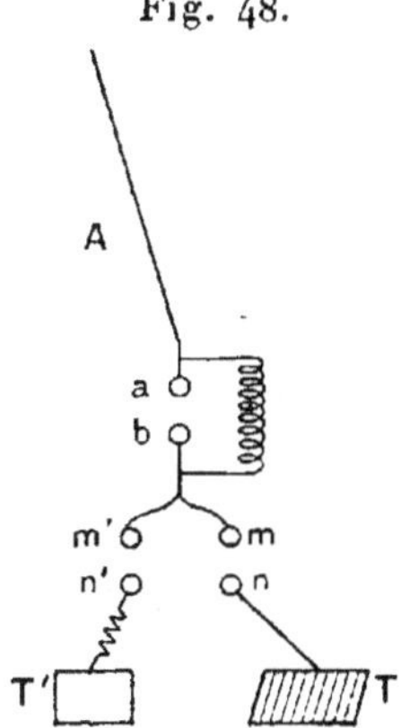

l'antenne, on dispose la boule b de manière à pouvoir la relier à volonté à la prise de terre T ou la prise de terre T' à l'aide d'un large pont à mercure.

La terre T est la terre ordinaire du bâtiment obtenue par la soudure d'une large plaque de cuivre à la coque; la terre T' est constituée par des plaques de cuivre enfouies dans le sol sur le bord du bassin de radoub.

Pendant la même série d'émissions, on change instantanément de prise de terre par la manœuvre des godets de manière à alterner les mesures.

Les mesures ont été effectuées avec deux antennes multiples accordées à une distance de 1600^{m}.

On a obtenu :

	Déviation.
Bonne terre T..............	$\delta = 26$
Mauvaise terre T'..........	$\delta' = 10$

T.   12

A la vérité, le changement de la prise de terre a dû entraîner aussi une modification de la période.

Le sens du phénomène, néanmoins, n'est pas douteux. On a pu d'ailleurs vérifier le fait d'une autre manière.

Pendant toute la durée du remplissage du bassin, on a observé des séries d'émissions de 10 en 10 minutes en ne faisant usage, bien entendu, que de la *bonne terre* T. Avant toute entrée de l'eau dans le bassin, la déviation était

$$\delta = 28.$$

Aussitôt que l'eau a commencé à mouiller la coque, elle est devenue

$$\delta = 34,$$

et a conservé invariablement cette valeur moyenne pendant tout le remplissage.

Ainsi il est bien établi que la qualité de la terre exerce une influence notable sur l'énergie émise. Nous avons eu l'occasion à différentes reprises de constater le fait pour les réceptions sur cohéreurs, et c'est à la suite des expériences effectuées à Ouessant, en 1901, que nous avons indiqué les précautions générales que l'on devait prendre pour assurer la communication avec la terre ([1]).

Les mesures précédentes nous ont montré que l'effet de la communication imparfaite avec la terre est d'accroître la valeur de l'amortissement.

Par communication imparfaite, il faut entendre, non seulement une communication qui présente un *défaut*, mais une surface de contact insuffisante. La valeur de la surface qui convient à une *bonne terre* est essentiellement variable selon la nature du terrain.

La qualité de la terre paraît s'améliorer d'abord très

([1]) Au poste d'Ouessant les portées se trouvaient accrues environ du double en substituant à la prise de terre de 1^{m2} une surface de plaques métalliques de 25^{m2} enfouies dans le sol.

vite à mesure que l'on accroît la surface des plaques enfouies dans le sol, puis beaucoup plus lentement.

Nos expériences montrent que les bâtiments à flot réalisent approximativement le cas théorique de la *terre parfaite*.

Les conclusions auxquelles nous avons été conduit contiennent deux assertions, en apparence paradoxales :

Pour des antennes de même période, dans le même poste, celle qui émet le mieux est l'antenne dont l'amortissement est le plus grand.

Pour la même antenne, dans des postes différents, le poste qui émet le mieux est celui dans lequel l'amortissement est le plus faible.

Ces résultats s'interprètent aisément.

L'amortissement total, celui qui est fourni par les mesures, se compose de deux parties :

L'amortissement dû à l'effet Joule ;

L'amortissement dû au rayonnement.

Quand on compare, sous la même puissance d'émission, des antennes de différentes formes, dans le *même poste,* on peut admettre, comme première approximation, que la fraction d'énergie dissipée par effet Joule, dans le système, demeure la même. Les variations d'amortissement observées tiennent alors principalement aux variations du rayonnement.

Quand on compare, au contraire, les émissions d'une *même antenne* dans des postes différents, les variations d'amortissement observées tiennent évidemment aux inégalités de dissipation d'énergie par effet Joule (¹).

On constate effectivement que l'on transforme une antenne à *faible amortissement,* dans un poste à *bonne terre (Formidable),* en antenne à *amortissement notable,*

(¹) La variation du rapport des amortissements des antennes simples et multiples à bord et à terre est conforme à cette interprétation.

en intercalant simplement entre l'antenne et la terre des résistances non inductives croissantes.

D'où les règles pratiques suivantes :

Pour comparer la valeur de différents postes, on devra mesurer dans chacun de ces postes l'amortissement d'une même antenne. *Le meilleur poste sera celui dans lequel l'amortissement est le plus faible.*

Pour faire choix d'une antenne, on comparera les amortissements de différents systèmes de même période (compatibles avec les exigences pratiques de l'installation) dans le même poste. *La meilleure antenne sera celle dont l'amortissement est le plus fort.*

Pour faire l'application pratique de ces règles, il n'est pas besoin de recourir aux mesures d'amortissement par les courbes de résonance. L'expérience nous a montré, en effet, conformément aux indications de la théorie, que la valeur du rapport $\dfrac{\lambda}{4\,l}$ varie dans le même sens que l'amortissement. Or, s'il est délicat de déterminer ce rapport en valeur absolue, il est très facile de voir dans quel sens il varie pour différents systèmes d'antennes par des mesures rapides de périodes effectuées avec un thermique dans un résonateur fermé et faisant varier la capacité de condensateurs intercalés dans le circuit de résonance.

Pour de pareilles mesures, il n'est pas nécessaire de recourir à des condensateurs à lames d'air et l'on pourra faire usage de jarres ou de feuilles de verre recouvertes d'armatures d'étain.

La valeur de l'intensité efficace du courant à la base de l'antenne d'émission fournit aussi un excellent criterium de la qualité de la prise de terre.

Nous avons vu que l'énergie émise peut être regardée comme sensiblement proportionnelle au carré de l'indication fournie par un ampèremètre thermique intercalé entre l'antenne et la terre.

On a relevé les indications d'un pareil instrument inter-calé dans une antenne filiforme simple de 52^m de longueur en faisant varier progressivement la surface de la plaque de terre.

Dans une première série d'expériences, la prise de terre était constituée par une bande de toile métallique d'une largeur uniforme de 0^m,50 que l'on déroulait progressivement sur le sol.

Pour une même longueur d'étincelle, étincelle de 5^{cm}, et une vitesse constante de l'interrupteur, on avait :

Longueur de bande étendue.	Surface recouverte en mètres carrés.	Intensités.	Carrés.
0,50	0,25	0,35	0,12
1	0,50	0,40	0,16
2	1	0,45	0,20
4	2	0,52	0,27
6	3	0,56	0,31
8	4	0,58	0,34
10	5	0,90	0,36
15	7,50	0,62	0,38
20	10	0,63	0,39
30	15	0,635	0,40

Dans une autre série d'expériences plus complètes, on a utilisé comme prise de terre des plaques de cuivre d'une largeur uniforme de 1^m,50 qui étaient successivement soudées les unes aux autres sur toute leur largeur.

Les plaques reposaient sur un lit bien dressé de terre argileuse soigneusement passée et étaient ensuite recouvertes d'une couche de terre de 0^m,40 d'épaisseur.

Tandis que la pose de la *terre* se faisait plaque par plaque, on procédait avant et après chaque soudure à des mesures comparatives d'intensités au thermique en contrôlant chaque mesure par un relevé de l'intensité obtenue en prenant pour *terre* une petite plaque auxiliaire de 1$^{m^2}$ enfouie dans le sol et complètement séparée des autres.

On a obtenu ainsi (étincelle de 5^{cm}, sol sec) :

Surface en mètres carrés.	Intensités.	Carrés.
1	0,50	0,25
2	0,53	0,28
4	0,57	0,325
6	0,60	0,36
8	0,63	0,40
10	0,65	0,425
15	0,67	0,45
20	0,68	0,46
30	0,68	0,46

La plaque de 1^{m2} donnait dans les mêmes conditions une intensité parfaitement constante de 0^{amp},51 pendant toutes les mesures.

Ces valeurs diffèrent peu de celles qui ont été obtenues avec la simple bande de toile métallique.

La courbe ci-jointe donne une idée de la manière dont se produit l'accroissement de l'énergie émise quand la surface de la prise de terre augmente.

Fig. 49.

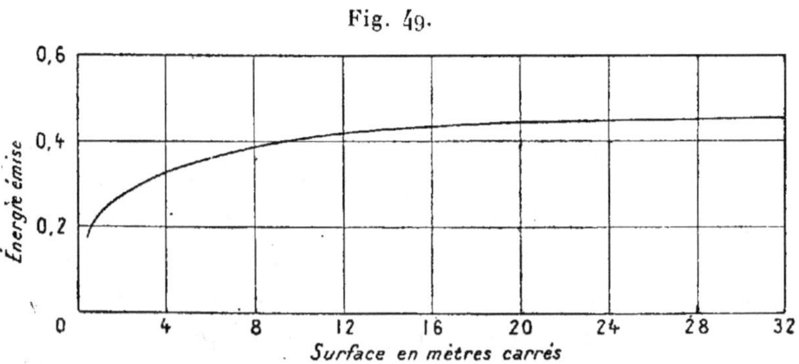

L'influence exercée par le degré d'humidité du sol ressort des observations suivantes :

Pour la plaque de 6^{m2}, on avait, avec l'étincelle de 50^{mm} :

Sol sec	0^{amp},60
Après pluie abondante	0^{amp},70

Pour la plaque de 30^{m^2} enfouie, on avait :

$$
\begin{aligned}
&\text{Sol sec} \dots\dots\dots\dots\dots\dots\dots && 0^{amp},67 \\
&\text{Sol fortement humecté (}^1\text{)}.. && 0^{amp},76
\end{aligned}
$$

Les variations d'intensité indiquées par l'ampèremètre thermique sont bien encore dans le cas présent en rapport avec l'énergie émise.

Nous avons reçu, d'autre part, sur un bolomètre intercalé dans une antenne identique à l'antenne de transmission et à une distance de 1800^m, les émissions effectuées avec une même étincelle de 5^{cm}, en prenant à tour de rôle comme terre la plaque de 1^{m^2} et la plaque de 30^{m^2}.

On a obtenu :

$$
\begin{array}{ll}
& \text{Déviations} \\
& \text{du bolomètre.} \\
\text{Plaque de } 1^{m^2} \dots\dots\dots\dots\dots\dots\dots & 30 \\
\text{Plaque de } 30^{m^2} \dots\dots\dots\dots\dots\dots & 55
\end{array}
$$

Le rapport de ces déviations bolométriques est $1,84$.

Or, le rapport des carrés des intensités respectives mesurées au thermique dans l'antenne d'émission est précisément égal, dans les précédentes conditions, à $\dfrac{0,46}{0,25} = 1,84$.

Ce qui apporte une nouvelle confirmation à l'assertion précédente que le carré de l'indication du thermique est proportionnel à l'énergie émise par l'antenne.

Tandis que l'intensité relevée dans les postes à terre varie d'un poste à l'autre, ainsi que dans le même poste, avec l'état du sol, elle prend une valeur notablement plus forte, et d'ailleurs très sensiblement constante, à bord des différents bâtiments.

On a, par exemple, pour une antenne simple de 52^m et

(¹) Les observations précédemment exposées des intensités observées pour des étincelles de différentes longueurs se rapportent au cas du sol fortement humide.

          C. TISSOT.

une étincelle d'émission de 5^{cm} :

		Intensités.	Amortissements.
		amp	
Postes à terre	Parc-au-Duc....	0,68	$\gamma = 2.0,26$
	Raz de Sein.....	0,76	$\gamma = 2.0,21$
	Saint-Mathieu...	0,85	$\gamma = 2.0,19$
Bâtiments	*Jauréguiberry*.....	1,2	$\gamma = 2.0,13$
	Henri-IV..........	1,3	$\gamma = 2.0,12$

Et, tandis que l'intensité va en croissant à mesure que la qualité de la *terre* s'améliore, la valeur de l'amortissement suit une marche inverse.

C'est le résultat auquel nous avions été conduit par d'autres considérations. Le rôle de la terre en ressort de la façon la plus nette. La prise de terre agit comme une résistance et absorbe, en effet Joule, une portion plus ou moins grande de l'énergie mise en jeu.

e. — *Valeur absolue de l'énergie mise en jeu dans une antenne réceptrice* [1].

Les mesures que nous avons rapportées au titre (a) fournissent, pour les conditions des expériences, c'est-à-dire pour des transmissions par antennes multiples accordées, la valeur de l'*intensité efficace* du courant au ventre de l'antenne réceptrice.

On peut en déduire la valeur de l'énergie moyenne reçue par le bolomètre, c'est-à-dire la valeur approximative de l'énergie reçue par l'antenne.

Si l'on désigne par i l'*intensité efficace*, par ρ la résistance sensiblement non inductive du bolomètre, l'énergie reçue pendant une seconde a une valeur ρi^2.

---

[1] M. FERRIÉ (*Comptes rendus,* 1904, p. 1310) a donné la valeur de l'intensité efficace indiquée par un ampèremètre thermique intercalé à la base d'une antenne d'émission simple de 35^m de longueur. Mais il n'a indiqué ni le nombre d'interruptions auquel cette valeur se rapporte, ni la longueur de l'étincelle utilisée. Il est donc impossible d'en déduire une valeur approximative de l'énergie mise en jeu.

Comme il y a n émissions par seconde, n désignant le nombre d'interruptions de la bobine excitatrice, l'énergie qui correspond à une émission unique est

$$w = \frac{\rho\, i^2}{n}.$$

Nous avons opéré des mesures analogues à celles du paragraphe (a) avec des antennes simples et des antennes multiples accordées.

1° *Antennes simples.* — Les antennes simples d'émission et de réception étaient identiques et avaient 50^m de longueur et $0^{cm},4$ de diamètre.

L'antenne d'émission était disposée sur un bâtiment (*Henri-IV*) et l'on opérait avec des étincelles de 5^{cm} de longueur à la distance de 1700^m.

Le nombre d'interruptions par seconde était déterminé par le procédé d'inscription électrochimique utilisé par M. Janet.

Une bande de papier, légèrement humide, et imprégnée d'une solution de ferrocyanure de potassium et d'azotate d'ammoniaque, est disposée sur un cylindre enregistreur en cuivre.

Le cylindre est intercalé dans un circuit auxiliaire comprenant l'interrupteur.

Le passage du courant dans le cylindre s'effectue par une pointe de fer qui appuie sur la bande de papier.

La vitesse de rotation du cylindre est déterminée à l'aide d'un compteur à secondes.

Le nombre des interruptions était ainsi de 20 par seconde dans l'expérience précédente.

Pour ce nombre d'interruptions, l'intensité efficace du courant reçu par le bolomètre était

$$i = 1,5 . 10^{-3} \text{ ampère.}$$

La résistance réduite du bolomètre étant $\rho = 17^\omega,5,$

on a

$$w = \frac{\rho\, i^2}{n} = \frac{\overline{17,5 \cdot 1,5}^2}{20 \cdot 10^6} = \frac{1,97}{10^6} \text{ joules} = 19,7 \text{ ergs.}$$

A la distance de 1000^{m}, on aurait

$$w = \overline{19,7 \cdot 1,7}^2 = 57 \text{ ergs.}$$

Il est intéressant de comparer la quantité d'énergie reçue à l'énergie émise.

On peut évaluer l'énergie émise en calculant l'énergie magnétique mise en jeu dans l'antenne d'émission.

L'énergie magnétique mise en jeu dans un fil parcouru par un courant constant d'intensité I est

$$w = \frac{1}{2} L I^2.$$

Dans le cas présent, l'énergie est la somme de l'énergie magnétique et de l'énergie électrique. En un point du fil, l'intensité est variable. A l'instant où elle passe par un maximum, toute l'énergie est représentée par l'énergie magnétique puisque l'énergie électrique est nulle.

Pour former l'expression $\frac{1}{2} L I^2$ relative à un élément de courant de l'antenne, on devra donc prendre pour I la valeur maximum du courant dans cet élément.

Si nous considérons particulièrement l'oscillation fondamentale, l'intensité du courant peut s'écrire

$$i = A\, e^{-\gamma \frac{t}{T}} \sin 2\pi \frac{t}{T} \cos \frac{\pi x}{2l}.$$

La valeur maximum I est

$$I = A \cos \frac{\pi x}{2l}.$$

La valeur moyenne de $\frac{1}{2} L I^2$ pour toute l'antenne est

$$\frac{1}{2} L \frac{1}{2l} \int_{-l}^{+l} I^2\, dx = \frac{1}{4} L A^2$$

en intégrant de $- l$ à $+ l$ pour tenir compte de l'*image*
de l'antenne de longueur l.

L est le coefficient de self-induction d'un fil de longueur $2 l$ pour un courant superficiel homogène.

On a

$$L = 4 l \left[\mathcal{L} \frac{4 l}{r} - 1 \right]$$

(l est la longueur de l'antenne et r son rayon).

On peut obtenir par mesure directe la valeur approximative de l'amplitude A du courant au ventre d'intensité.

Si l'on intercale un ampèremètre thermique à la base
de l'antenne, entre l'antenne et la terre, c'est-à-dire un
instrument gradué en unités d'intensité pour un courant
continu, le carré du nombre lu donne la valeur moyenne
des carrés des intensités de toutes les oscillations (fondamentales et supérieures).

En considérant la forme sinusoïdale du courant, il est
permis d'admettre que le partage de l'énergie magnétique
entre l'oscillation fondamentale et les harmoniques s'opère
par moitié.

De sorte que, si la lecture du thermique est I_0, on doit
prendre $\frac{1}{2} I_0^2$ pour la valeur moyenne I_1^2 qui correspond à
l'onde fondamentale.

Pour cette oscillation fondamentale, l'intensité du courant à la base de l'antenne est

$$I = A e^{-\gamma \frac{t}{T}} \sin 2 \pi \frac{t}{T}.$$

On a sensiblement

$$I_1^2 = n \int_0^{\infty} I^2 \, dt$$

en désignant par n le nombre des interruptions de la
bobine, c'est-à-dire le nombre des décharges par seconde.

On trouve aisément

$$\int_0^\infty I^2\,dt = A^2 \int_0^\infty e^{-2\gamma\frac{t}{T}} \sin^2 2\pi\frac{t}{T}\,dt = \frac{A^2}{4\gamma}\,\frac{4\pi^2}{4\pi^2 + \gamma^2}\,T \; (^1).$$

Pour l'antenne d'émission du bâtiment dont il a été question (antenne simple de 50^m), on a trouvé

$$T = 0,7.10^{-6} \text{ seconde,}$$
$$\gamma = 0,24.$$

En intercalant un ampèremètre thermique à la base de l'antenne, on a obtenu pour 20 interruptions à la seconde la valeur $I_0 = 0,95$ ampère.

I_0 lecture de l'instrument.

Soit

$$I_1^2 = \frac{1}{2}I_0^2 = 0,45.$$

Et l'on a

$$A^2 = 0,45\,\frac{\left(39,40 + \overline{0,24}^2\right)0,24}{20.9,85.0,7}.10^6 = 3,1.10^4,$$
$$A = 176 \text{ ampères} = 17,6 \text{ U.E.M.}$$

pour l'amplitude de l'oscillation fondamentale correspondante à une étincelle de 5^{cm}.

La relation

$$L = 4l\left[\mathcal{L}\frac{4l}{r} - 1\right]$$

donne

$$L = 2,1.10^5 \text{ cm.}$$

D'où

$$W = \frac{1}{4}LA^2 = \frac{1}{4}.2,1.10^5.3,1.10^2,$$
$$W = 1,62.10^7 \text{ ergs.}$$

(^{1}) Nous avons adopté dans le paragraphe « emploi du bolomètre » la valeur approchée $\dfrac{A^2}{4\gamma}\,T$ qui diffère très peu de la précédente, le facteur $\dfrac{4\pi^2}{4\pi^2 + \gamma^2}$ étant voisin de 1.

On peut comparer ce résultat à celui que l'on obtiendrait en évaluant l'énergie électrostatique.

L'énergie mise en jeu pour l'oscillation fondamentale dans une décharge est sensiblement

$$W = \frac{1}{2} CV^2,$$

où V est le potentiel explosif de la décharge et C la capacité électrostatique de l'antenne de longueur l.

On doit remarquer en effet que, s'il convient de prendre pour la valeur de la capacité du système le *double* de C (sensiblement) pour tenir compte de l'image de l'antenne, il faut prendre la *moitié* de l'énergie totale mise en jeu pour l'oscillation fondamentale.

La valeur de V est donnée par les Tables (de M. Mascart par exemple).

Pour une distance explosive de 5^{cm}, on a

$$V = 260 \, U.E.S.$$

Quant à la capacité C, on peut l'obtenir par le calcul.

Pour un conducteur filiforme de longueur l, et de rayon r, on a

$$C = \frac{l}{2 \mathcal{L} \frac{l}{r}},$$

ce qui donnerait ici, pour $l = 50^{m}$, $2 = 0^{cm},2$, la valeur

$$C = 250^{cm}.$$

Mais nous avons déterminé par mesure directe la capacité de nos différentes antennes (par le procédé du commutateur tournant).

Nous avons ainsi trouvé pour notre antenne de 50^{m} la valeur

$$C = 300^{cm}.$$

Cette valeur est un peu plus forte que celle que fournit

le calcul. La différence provient vraisemblablement de ce que l'antenne n'est pas exactement verticale et passe dans le voisinage de haubans métalliques reliés au sol.

On aurait ainsi

$$W = \frac{1}{2}\, 300.\overline{260}^2 = 1,01.10^7 \text{ ergs.}$$

Cette valeur est plus faible que celle qui a été obtenue pour l'énergie magnétique.

On peut observer que l'on a employé pour L une valeur calculée, vraisemblablement incorrecte.

Nous avons mesuré la période d'une même antenne simple en donnant à cette antenne différentes inclinaisons sur la verticale ou en lui faisant faire des coudes.

Or nous avons trouvé que la longueur d'onde conservait toujours très sensiblement la même valeur, peu différente de $4l$.

Il suit de là que la relation $CL = 4l^2$, qui est sensiblement vérifiée pour une antenne filiforme, infiniment éloignée d'autres conducteurs [1], doit rester approximativement exacte pour une même antenne simple quelle qu'en soit la disposition.

Comme nous avons trouvé par mesure directe 300^{cm} pour la valeur de la capacité électrostatique de l'antenne dans les conditions de l'expérience, la valeur de L est vraisemblablement

$$L = \frac{4l^2}{c} = \frac{\overline{4.5.10^3}^2}{2.300} = 1,66.10^5.$$

---

[1] On a en effet en pareil cas pour un fil de longueur $2l$

$$C = \frac{2l}{2\,\mathcal{L}\,\dfrac{2l}{r}}, \qquad L = 4l\left[\mathcal{L}\,\frac{4l}{r} - 1\right] = 4l\left[\mathcal{L}\,\frac{2l}{r} + 0,7 - 1\right]$$

$$L = \text{sensiblement } 2\,l.2\,\mathcal{L}\,\frac{2l}{r}$$

Et $CL = 4l^2$.

On aurait alors

$$W = 1,29 \cdot 10^7 \text{ ergs.}$$

Cette valeur reste plus forte que celle qui est fournie par l'évaluation de l'énergie électrostatique. Mais, étant donnée l'incertitude sur les conditions du partage entre l'oscillation fondamentale et les harmoniques, on doit considérer que les valeurs obtenues sont simplement susceptibles de fournir l'ordre de grandeur de l'énergie émise.

La valeur de l'énergie émise dans l'onde fondamentale est voisine de 1,3 joules.

Si l'on suppose que cette énergie se répartisse uniformément, à la distance de 1000^m, sur la surface d'une sphère de 1000^m de rayon, on aura

$$\text{A } 1000^m \frac{1,3 \cdot 10^7}{4\pi \cdot 20^6} = 1.04 \text{ erg par mètre carré.}$$

Le bolomètre reçoit 57 ergs. Si l'on admet qu'il absorbe, sinon la totalité, du moins la majeure partie de l'énergie reçue par l'antenne ([1]), on peut dire que tout se passe comme si l'antenne *drainait* dans le milieu une quantité d'énergie égale à celle qui serait reçue par une surface de 55^{m^2}.

Dans les conditions de l'expérience, il y avait 5^m environ d'antenne à l'intérieur du poste, et, par suite, 45^m de longueur *efficace* à l'extérieur.

La surface couverte par l'antenne représenterait ainsi un rectangle de 45^m de hauteur et de $1^m,20$ de largeur. Cette largeur est égale à 330 fois le diamètre de l'antenne.

([1]) La fraction d'énergie absorbée par le détecteur varie avec la résistance de l'instrument utilisé. Nous avons signalé le fait que, parmi nos bolomètres, c'est celui de 42^m qui se montre le plus sensible. Afin de rechercher l'influence de la résistance du détecteur, on a reçu sur le bolomètre W_3 (de résistance 15°) une série d'émissions identiques (antennes accordées), en intercalant entre l'antenne et le bolomètre

2° *Antennes multiples.* — En opérant par le procédé indiqué au titre (*a*), on a obtenu avec différents bâtiments les résultats suivants pour des émissions exécutées uniformément avec étincelles de 5^{cm} et reçues sur antennes accordées.

	Antennes d'émission.	Nombre d'interruptions.	Distances D.	Intensités efficaces i.	Produit $i \times D$.
Formidable.	$55^m 4$ br. p^{es}.	30	1,400	6,70	9,40
Henri-IV ...	$44^m 4$ br. p^{os}. $+ 14^m$ simple.	20	1,700	3,55	6,05
Carnot	$33^m 6$ br. p^{es}. $+ 21^m$ simple.	25	1,400	4,40	6,17
Amiral-Aube.	$40^m 4$ br. p^{es}. $+ 15^m$ simple.	28	1,600	4,10	6,55

Prenons par exemple le *Henri-IV* qui se trouve dans des conditions moyennes et pour lequel nous avons donné la mesure relative à une antenne simple.

---

des résistances non inductives croissantes. (Ces résistances étaient en même fil que celui du bolomètre.)

On a obtenu ainsi :

Résistance totale ρ Bolomètre + résistance auxiliaire.	Intensités efficaces i.	Énergie absorbée ρi^2.
15^ω	3,6	1950
28	2,9	2350
35	2,8	2750
50	2,45	3000
60	2,30	3200
73	2,05	3100
80	1,90	2900
94	1,75	2850

La quantité d'énergie absorbée augmente avec la résistance intercalée jusqu'à la valeur de 60^ω et paraît décroître ensuite lentement.

On voit qu'à partir de la valeur 28^ω, on peut tripler la résistance du détecteur sans modifier sensiblement la quantité d'énergie qu'il absorbe. L'assertion émise est donc légitime dans une certaine mesure.

On a

$$\text{A } 1700^{m}, \; i = 3,55 \cdot 10^{-3} a \qquad \text{pour } n = 20$$
$$\text{A } 1000^{m}, \; i = 6,05 \cdot 10^{-3} a$$

et

$$w = \frac{\rho \, i^{2}}{n} = \frac{\overline{17,5 \cdot 6,05}^{2}}{20 \cdot 10^{6}} = \frac{320}{10^{7}} \text{ joules} = 320 \text{ ergs.}$$

Pour évaluer l'énergie émise, nous ne nous servirons pas de la valeur de l'intensité relevée au thermique dans l'antenne d'émission, car la valeur exacte de L est délicate à obtenir. Nous avons trouvé pour la capacité électrostatique de l'antenne multiple employée la valeur 530^{cm}.

Ce qui donne approximativement pour l'énergie émise dans l'onde fondamentale

$$W = \frac{1}{2} \, 530 \cdot \overline{260}^{2} = 1,8 \cdot 10^{7} \text{ ergs.}$$

A la distance de 1000^{m}, on a

$$\frac{1,8 \cdot 10^{7}}{4\pi \cdot 10^{6}} = 1,43 \text{ ergs par mètre carré.}$$

Comme l'antenne réceptrice en reçoit 320, elle *draine* une quantité d'énergie égale à celle qui serait reçue par $225^{m^{2}}$. Ce qui représente un rectangle ayant pour hauteur la hauteur de l'antenne et une largeur égale à $4^{m},50$ environ.

CONCLUSIONS.

Dans la première Partie de notre travail, nous avons étudié la résonance de systèmes d'antennes.

Cette étude a été faite au moyen du bolomètre à des distances comprises entre 1200^{m} et 40^{km}, c'est-à-dire dans des conditions déjà comparables à celles de la pratique courante en télégraphie sans fil et à coup sûr suffisantes pour satisfaire aux conditions des hypothèses théoriques.

T.   13

Cette étude a fait ressortir la facilité avec laquelle le bolomètre se prête à l'enregistrement des effets de résonance et nous a conduit aux conclusions suivantes :

Quand les antennes ont la même forme, la résonance a lieu pour l'égalité des longueurs quelle que soit la courbure générale des systèmes.

Quand les antennes n'ont pas la même forme, la résonance a lieu en général pour des valeurs inégales des longueurs.

Mais, pour un système de forme intrinsèque donnée, la résonance a toujours lieu pour la même longueur totale quelle que soit la courbure générale ou l'inclinaison sur la verticale.

On est ainsi conduit à la notion d'antennes *équivalentes* au point de vue de l'accord.

On trouve en particulier qu'*un système à branches multiples est toujours équivalent à une antenne filiforme simple de longueur notablement plus grande.*

Nous avons cru observer que, lorsque les antennes ont des formes (intrinsèques) différentes, la résonance n'a pas lieu *exactement* pour les mêmes valeurs des longueurs quand on permute l'émission et la réception.

L'effet nous paraît dû principalement à l'influence des oscillations supérieures qui se trouvent inégalement distribuées dans les systèmes dissymétriques et peuvent acquérir des intensités relatives différentes à l'émission ou à la réception.

Le phénomène est d'ailleurs assez peu marqué pour que l'on n'ait pas à en tenir compte en pratique.

Sous cette réserve, nous avons établi que :

Quand deux systèmes d'antennes A et B sont en résonance avec un troisième C, il sont aussi en résonance entre eux.

Nos expériences paraissent établir que l'effet exercé sur le bolomètre par les systèmes excités par circuit fermé (excitation indirecte) est plus grand que l'action exercée par les systèmes directs.

La résonance est d'ailleurs mieux marquée avec les systèmes d'émissions indirectes qu'avec les systèmes directs.

La comparaison d'émissions faites avec des systèmes indirects de même accord mais de self différentes (dans le circuit d'excitation) a montré que *l'énergie émise va en augmentant quand la self diminue et que la capacité augmente.*

Les self inefficaces exercent une action nuisible sur l'émission ([1]).

Les expériences de résonance effectuées par *réceptions indirectes* ont montré qu'il est toujours possible, avec deux antennes d'émission et de réception *quelconques*, d'obtenir un maximum d'effet sur un résonateur convenable excité par l'antenne de réception, mais que la résonance demeure très imparfaite lorsque les systèmes d'antennes ne se trouvent pas eux-mêmes en résonance.

L'effet maximum obtenu sur le bolomètre a lieu dans tous les cas quand l'instrument se trouve directement intercalé dans l'antenne réceptrice.

Mais la résonance la plus nette se produit quand on agit sur le bolomètre, placé dans un circuit fermé très court, par l'intermédaire d'un résonateur fermé de faible résistance excité par l'antenne réceptrice, et accordé sur la période commune de l'émission et de la réception.

La résonance est encore plus accentuée quand on se sert à la fois de cette réception indirecte et d'une émission indirecte accordée.

Les dispositifs très simples que nous avons utilisés donnent une résonance telle qu'ils seraient susceptibles

___

([1]) L'influence nuisible des self *mortes* sur la quantité de l'énergie émise par de pareils systèmes a été aussi signalée par M. Drude (*Ann. der Physik*, t. XIII).

de fournir une solution, tout au moins partielle, du problème de la syntonie, si l'emploi du bolomètre n'était trop délicat pour se plier aux exigences de la pratique. Les résultats obtenus dans les diverses expériences de résonance que nous avons exécutées, rapprochés de ceux qui nous ont été fournis par la mesure des périodes montrent que dans tous les cas :

L'effet le plus grand exercé sur le bolomètre correspond à l'égalité des périodes de tous les appareils (excitateurs, antennes et résonateurs).

Ces diverses conclusions s'accordent, en général, avec celles que M. Drude ([1]) a tirées soit de ses recherches théoriques, soit de ses expériences. Néanmoins M. Drude a émis l'assertion suivante :

« Si le récepteur et le transmetteur sont identiques, on obtient de grandes intensités, mais une résonance moins nette. L'effet le plus grand correspond au rapport $1 : 2$ des périodes de chaque appareil. »

Nous avons trouvé, au contraire, que l'effet le plus grand correspond au rapport $1 : 1$.

Dans la seconde partie de notre travail, nous nous sommes préoccupés de la mesure des périodes des antennes.

La photographie des étincelles nous avait permis d'obtenir dès l'année 1901 l'ordre de grandeur des périodes ainsi que d'avoir une idée générale sur l'amortissement. Nous avions établi les points suivants :

1° On doit considérer comme faisant partie de l'oscillateur le système constitué par l'antenne, l'éclateur et la terre ;

2° Le nombre très restreint des franges fixées indique que l'amortissement en système direct est considérable ;

3° L'amortissement des émissions indirectes est tou-

([1]) DRUDE. *Ann. der Physik* (*loc cit.*).

jours beaucoup plus faible que l'amortissement des émissions directes et passe par un maximum pour une certaine valeur de la longueur d'antenne. Cette valeur paraît correspondre aux conditions les plus favorables d'émission (en ce qui concerne les portées sur cohéreurs).

Les expériences ultérieures que nous avons exécutées en employant simultanément le bolomètre pour réaliser les conditions de résonance à distance et la photographie des étincelles pour obtenir la valeur de la période des émissions nous avaient conduit à deux conclusions principales :

1° *La longueur d'onde d'une antenne simple est voisine de quatre fois la longueur de l'antenne, et vraisemblablement un peu supérieure à cette valeur.*

2° *La longueur d'onde d'une antenne à branches multiples est notablement plus grande que la longueur d'onde d'une antenne simple de même longueur.*

L'application du résonateur fermé de M. Blondlot nous a donné des relations générales beucoup plus précises.

1° *La longueur d'onde fondamentale d'une antenne filiforme simple est toujours supérieure à quatre fois la longueur de l'antenne.*

2° *Le rapport* $\frac{\lambda_0}{4l}$, *qui est* > 1, *va en diminuant quand la longueur de l'antenne augmente et tend vers l'unité.*

3° *Pour une antenne de longueur donnée, le rapport* $\frac{\lambda_0}{4l}$ *tend vers l'unité quand le diamètre du fil diminue.*

4° *Pour les antennes filiformes à branches multiples, le rapport* $\frac{\lambda_0}{4l}$ *est notablement supérieur à* 1. *Il croît avec le nombre des branches et l'écartement de ces branches.*

L'application du même procédé nous a permis de déceler de la manière la plus nette l'existence de vibrations supérieures dans les antennes :

1° Ces oscillations supérieures sont toutes d'ordre impair et, dans les antennes filiformes, sont sensiblement distribuées comme les harmoniques des tuyaux fermés;

2° Les rapports paraissent se rapprocher d'autant plus de la série harmonique que les antennes sont plus longues. On met d'ailleurs en évidence un nombre d'autant plus grand d'harmoniques que les antennes sont plus longues;

3° Il existe vraisemblablement un nombre infini d'harmoniques, mais les intensités vont en décroissant rapidement à mesure que l'ordre s'élève.

Il semble cependant que l'importance relative des harmoniques croisse avec la longueur de l'antenne.

4° Les oscillations supérieures existent aussi dans les systèmes à branches multiples, mais la loi de distribution est en général complexe et s'écarte de la loi harmonique. Le phénomène se complique en outre du fait de l'addition des portions simples nécessaires à l'établissement des connexions.

Ces résultats généraux sont conformes à ceux qui ont été obtenus par M. Lamotte et M. Kiebitz dans des conditions, à la vérité, assez différentes de celles dans lesquelles nous nous sommes placés.

La comparaison des périodes déterminées dans l'antenne d'émission et dans l'antenne réceptrice a montré que (sous les réserves faites plus haut au sujet de la non-réciprocité rigoureuse des systèmes de formes intrinsèques différentes) :

1° Lorsque deux systèmes A et B sont en résonance le résultat obtenu pour la valeur de la période est le même, soit que l'on fasse la mesure sur l'émission en A ou en B, soit que l'on fasse la mesure sur la réception en B ou en A;

2° Lorsque deux systèmes A et B se trouvent en résonance avec un troisième C, il ont la même période.

Quand on opère sur des systèmes qui ne sont pas en résonance, on trouve que :

La période de l'oscillation mesurée dans l'antenne réceptrice est égale à la moyenne arithmétique des périodes propres de l'antenne d'émission et de l'antenne de réception.

Les mesures de périodes apportent ainsi une confirmation à l'interprétation des phénomènes observés dans l'étude de la résonance des systèmes indirects.

Ces divers résultats conduisent à inférer que le mouvement vibratoire dans l'antenne réceptrice désaccordée est la superposition d'une vibration *forcée* ayant la période de l'émission, et d'une vibration *libre* ayant la période propre de l'antenne réceptrice.

On trouve ainsi que les hypothèses qui ont servi de base à la théorie de Bjerknes sont pleinement vérifiées dans le cas où les systèmes vibrants sont constitués par des antennes.

Le régime du courant dans les antennes d'émission et de réception se trouve nettement défini par l'ensemble de nos expériences de résonance et par les mesures de périodes.

Nous avons trouvé directement l'onde stationnaire dans l'antenne réceptrice, en l'explorant à l'aide du bolomètre. Cette expérience directe a même mis en évidence la première harmonique.

Dans la troisième partie de notre travail, nous avons déterminé les amortissements des antennes de différentes formes et donné les valeurs numériques des décréments.

Ces déterminations ont été effectuées principalement par l'application de la méthode de la courbe de résonance de Bjerknes et ont été contrôlées de différentes manières, notamment par l'emploi du détecteur magnétique de Rutherford.

Elles nous ont conduit aux conclusions générales suivantes :

1° L'amortissement est notablement plus faible pour les antennes filiformes simples que pour les antennes multiples;

2° L'amortissement croît avec le nombre des branches et avec l'écartement de ces branches;

3° L'amortissement décroît quand le rapport de la longueur au diamètre augmente.

Si l'on rapproche ces conclusions de celles qui ont été obtenues au sujet des longueurs d'onde fondamentales, il ressort que :

L'amortissement varie dans le même sens que le rapport $\dfrac{\lambda}{4\,l}$.

La comparaison des mesures d'amortissement effectuées dans diverses circonstances a mis en lumière l'influence exercée par la prise de terre.

L'amortissement diminue quand la terre s'améliore, c'est-à-dire quand la surface de contact augmente ou que le sol devient plus conducteur.

Il prend une valeur particulièrement faible sur les bâtiments quand on assure le contact intime avec la coque.

L'emploi du détecteur magnétique a permis de pousser plus loin l'analyse du phénomène dans l'antenne réceptrice que les mesures effectuées par la courbe de résonance.

On a trouvé que :

Le décrément de l'oscillation dans l'antenne réceptrice est la moyenne arithmétique des décréments des vibrations propres des antennes d'émission et de réception.

Résultat qui apporte une nouvelle confirmation aux hypothèses de Bjerknes.

Des mesures simultanées effectuées au détecteur magnétique et au bolomètre ont montré l'influence prépondérante que prennent les harmoniques quand les systèmes sont désaccordés.

Ces expériences conduisent à inférer que l'amortissement des oscillations supérieures est plus grand que l'amortissement de l'oscillation fondamentale.

La comparaison des valeurs numériques obtenues dans nos expériences avec celles que fournit le calcul (relations de Max Abraham) montre que les valeurs observées et calculées varient dans le même sens quand on modifie les longueurs et les diamètres des antennes. Le calcul donne pour les rapports $\frac{\lambda_0}{4l}$ des valeurs toujours > 1, conformément à ce que nous avons trouvé.

Les valeurs $\frac{\lambda_0}{4l}$ que nous avons obtenues sont plus grandes que les valeurs calculées.

Toutefois l'écart ne dépasse pas 1,5 à 2 pour 100.

Étant données les difficultés que présente l'évaluation exacte des longueurs des antennes que nous avons utilisées et l'influence possible des extrémités, l'accord peut être regardé comme satisfaisant.

Pour les amortissements, les valeurs calculées des décréments présentent un accord remarquable avec celles qui nous ont été données par l'observation à bord des bâtiments, c'est-à-dire dans le cas qui paraît correspondre à celui d'une *terre* parfaite.

Nos expériences nous ont conduit à établir qu'il existe une relation étroite entre le rapport $\frac{\lambda_0}{4l}$ et la valeur de l'amortissement.

La théorie prévoit bien en effet l'existence d'une pareille relation.

Nous avons enfin rassemblé dans une quatrième partie les renseignements que nous avons recueillis au cours de nos expériences sur les valeurs de l'énergie mise en jeu dans les antennes.

Nous avons pu mettre en lumière :

1° L'influence de la distance :

L'énergie mise en jeu dans l'antenne réceptrice varie en raison inverse du carré des distances.

2° L'influence de la longueur de l'étincelle :

L'énergie mise en jeu dans l'antenne réceptrice est proportionnelle soit aux carrés des potentiels explosifs de la décharge oscillante, soit aux carrés des amplitudes du courant dans l'antenne d'émission.

La comparaison de l'énergie émise par différents systèmes d'antennes a montré que ce sont les systèmes dont l'amortissement *relatif* est le plus grand qui émettent le mieux.

L'influence de la qualité de la terre sur l'énergie émise ressort aussi nettement de nos expériences.

Les résultats obtenus s'interprètent aisément en admettant qu'une partie de l'amortissement (effet Joule) est due à la prise de terre et qu'une autre partie (émission) est due au rayonnement de l'antenne.

Les conditions optima pour les transmissions sont celles qui permettent de réduire la valeur de l'effet *terre* et d'accroître la valeur de l'effet *antenne.*

Nous avons enfin pu donner une valeur absolue de l'énergie mise en jeu dans une antenne réceptrice dans des conditions bien définies.

L'intensité efficace du courant reçu par une antenne simple de 50^m de longueur excitée à 1^k de distance par une antenne identique (étincelle de 5^{cm}, 20 trains d'onde par seconde) est égale à 2,55 milliampères, ce qui correspond à une énergie de 57 ergs reçue par le bolomètre pour un seul train d'ondes.

Pour des antennes multiples de 50^m à 55^m de longueur, constituées par 4 à 6 branches parallèles, l'intensité efficace obtenue dans des conditions analogues (réception sur antennes accordées, étincelles de 5^{cm}) à 1^k de distance est de 6 à 8 milliampères, et l'énergie reçue par le bolomètre équivaut à 300 à 500 ergs environ pour un train d'ondes.

(Extrait des *Annales de Chimie et de Physique*, 8ᵉ série, t. VII ; avril 1906.)

38052   Paris. – Imp. GAUTHIER-VILLARS, quai des Grands-Augustins, 55